彭程的優美人生

法式甜點

Pâtisserie Française

完美配方 & 細緻教程

彭程西式餐飲學校創始人
彭程 —— 主編

瑞昇文化

推薦序一

彭程給我的印象，是一個實幹家、女企業家；這種實幹的天性，我同樣能在她作為西點師的生涯中感受到。她對法式西點的熱情從巴黎費朗迪學院開始點燃，而我們也是在一次西點製作公開演示中相識。

我們都非常享受傳播西點烘焙知識，而在這點上，彭程以精彩的方式在中國開啟了一個全新的局面。我也每每感歎於新事物在中國的傳播速度之快，2011年，我向她推薦了我的最新甜品「浮雲捲」，得到了她的讚歎，並許可她教授給她在中國的學員。讓我驚歎的是，一年間，這個小蛋糕居然廣為行業內外所歡迎，並成為「彭程西式餐飲學校」最有名的代表作之一，這讓我始料未及並由衷地感到開心。

她不只是開設了一所學校，還創造了一個前所未有的傳播法式甜點的平臺。她以開放的心態，勇敢地追求著推廣法式甜點這種具有深厚文化底蘊的新事物，培養了全新一代的中國西點師。

多年來，彭程把她的期望和激情傾注於此，她被認為是法式甜點在亞洲的重要代表之一。此次，彭程推出了她的第一本西點書，一如既往讓我們看到了她對法式甜點的激情。而我也想藉這次機會，謝謝她讓我們能有這樣超越國界和文化的交流，而這件事情她整整堅持了10年。

希望此書開啟我們所熱愛職業的新篇章！

安傑羅・穆薩

法國最佳西點師榮譽獲獎者／西點世界冠軍

Peng Cheng est une femme d'action, une femme d'affaires, une entrepreneuse, et c'est ce même instinct que l'on retrouve dans sa carrière en tant que cheffe pâtissière. Alors que sa passion pour la pâtisserie française prenait vie au sein de l'école Ferrandi, elle était venue assister à une de mes démonstrations, un lien s'est noué pour se transformer en amitié autour de notre métier.

Je cite ici un exemple pour illustrer l'engouement pour la pâtisserie française qu'elle a suscité en Chine. En 2011, j'ai montré un roll-cake à elle, elle l'a tout de suite aimé; et ce roll-cake s'est figuré parmi les recettes de la formation de son école. En espace d'un an, c'est déjà un produit non seulement connu des professionnels chinois mais aussi d'une vaste clientèle consommatrice.

Nous avons également en commun ce goût prononcé pour a transmission, et on peut dire que Peng Cheng à su lui donner une dimension inédite en l'important de la plus belle des manières chez elle en Chine.

En fondant 「Belle Vie」, elle a offert plus qu'une école, mais bien un podium sans précédent à la pâtisserie française. En choisissant de former une génération entière auprès des meilleurs chefs, elle a poursuivi cette quête d'un héritage tout en l'ouvrant sur une culture nouvelle.

Peng Cheng a mis son ambition et son dynamisme au service de notre savoir, devenant ainsi une des figures de la pâtisserie française en Asie. Son école ne pouvait que rencontrer un succès retentissant avec une telle personnalité à sa tête.En faisant ici le choix de signer un livre de recettes pour son premier ouvrage, elle démontre une fois de plus sa passion pour la formation qui célèbre encore et toujours la pâtisserie française. Alors Peng Cheng, je saisis l'occasion de te remercier pour cette aventure au-delà des frontières que tu nous fais vivre, et ce depuis plus d'une décennie, un nouveau pan à notre beau métier !

Chef Angelo Musa

Meilleur Ouvrier de France pâtissier-confiseur

Champion du monde de la pâtisserie

推薦序二

當我接到彭程為她新書題序的邀請，不禁覺得，這是多麼榮幸的一件事啊！

很多年前，當第一次訪問中國時，我認識了彭程，便立刻被她身上的責任感和對法式甜點的全心投入所吸引。在工作中，她滿溢的精力和對法式甜點職業的激情讓我們迅速找到了共同話題，拉近了我們的距離。

我也因此欣然接受邀請，多次到她創立的「彭程西式餐飲學校」授課，與那裡的學員和老師們互動。在這所學校裡，每次交流都讓我覺得愉悅；更讓我處處感受到的，是她通過領導這所學校傳達出來的我們這個美好職業裡所公認的一些核心價值觀。

彭程是我欣賞的西點匠人之一，她屬於那種真心熱愛職業的西點師，她蘊含的無限精力熱情讓我們美好的職業在世界各地傳播、發光發熱。

傾注我所有的友誼！

揚・布利斯

法國最佳西點師榮譽獲獎者

Quel honneur de pouvoir écrire un mot dans le livre de Peng Cheng.

J'ai rencontré Peng Cheng lors de ma première visite en Chine et j'ai été séduit par son engagement envers la pâtisserie.

Son dynamisme et sa passion pour le métier nous ont vite rapproché. J'ai par la suite pris plaisir à venir animer des cours dans la superbe école 「Belle Vie」 qu'elle avait créé afin d'y transmettre les valeurs de notre beau métier.

Elle fait partie de ces professionnels que j'apprécie, car c'est avant tout une passionnée qui au travers de son énergie fait briller notre beau métier à travers le monde.

Avec toute mon amitié

Yann Brys

Meilleur Ouvrier de France

推薦序三

彭程一直在為法式甜點在中國的傳播貢獻著力量。

這是彭程第一次用書籍作者的身份來分享她對法式甜點的理解，同時也邀請了國內外的法式甜點老師參與製作。書籍裡包含了法式甜點的基礎理論與產品，涉及內容概括性很強，產品綜合了法式甜點的類型特點，講述清晰詳實，步驟簡潔乾淨，是一本用心製作的書籍。

法式甜點在中國的傳播還有一定的局限性，這與我們不同區域的經濟發展和社會文化有很大的關係，經過這些年的推廣，目前它開始慢慢走入我們的日常生活，其食用特點及產品特點受到許多人的喜愛。在法式甜點的發展過程中，很多人聽說過它，但是不一定真的瞭解它，或許這本書是一個很好的窗口。

書籍內的材料、工具、技法保留了法式甜點作為「舶來物」的特點，產品難度有高有低，敘述與圖示展出比較準確詳細。跟著製作，可以復刻出一款地道的法式甜品。

相信大家都可以成功！

王森教育集團創始人
國際烘焙賽事裁判
王森

推薦序四

初識作者是在五年前的烘焙展，站在我面前的這位年輕秀麗的女子竟然是在我國烘焙培訓行業中風生水起、如雷貫耳的彭程西式餐飲學校的創始人——專注法式西點培訓的彭程老師，立馬就有一種後生可畏的感覺。由於有著共同的職業，在後來五年的工作往來中，彭程給我留下了謙遜矜持、敏而好學、業精於勤、感恩戴德的印象。

行成於思，從星城到申城。在長沙起步，到上海發展。在長沙醞釀，到上海成書。11年櫛風沐雨，11年春華秋實，執著和追求鑄就了《法式甜點》。

這本書不僅描述了法式甜點的精髓，而且體現了中華文化的開放和包容；不僅可以「洋為中用」，亦有海納百川、追求卓越的上海城市精神；不僅是對法式甜點的懷舊，還有更多的創新和獨特的時尚品味。

書中甜點門類齊全，幾乎涵蓋法式甜點的所有大類。結構嚴謹，脈絡清晰，將專業訓練與基礎理論有機融合，通過多元資源的連接，突出法式甜點製作的技術要點，使讀者可以原汁原味地學習法式甜點技藝，隨時隨地感受到法國飲食文化的薰陶。

感謝這本書拓展了讀者的國際化視野，激發了學習興趣，給讀者帶來頗多的甜點製作的新原料、新工藝、新技術和新產品；感謝彭程為推動我國烘焙行業技術進步，滿足人們追求美好生活的嚮往所做出的努力。

祝彭程老師在優美人生的路途上鵬程萬里！

上海市食品協會副會長

史見孟

自序

認識我的人，也許都聽過這樣一個故事：多年前有位小女生曾經對話法國西點學校面試官，立志要把法式烘焙帶到中國，讓中國人都吃到純正健康的法式烘焙產品。直至今日，歷經種種，我才明白那時的我，多麼年少輕狂。

然而多年過去，我依舊在心中強烈地思考、琢磨這句話，為了這個夢想，我竟一直從未放棄！沒錯，我是一個執拗的人。

當然，我同樣認為，在這個浮躁的社會裡，只有既純粹又有遠見卓識的人才能真正地做好「專業技術」，彭程西式餐飲學校的誕生也萌發於我的這份「執拗」。一直以來，我為學校選培每一個老師的標準只有一個：足以成為每一位熱愛烘焙的學生信服的職業榜樣。我和我的技術團隊尊重傳統，追求創新，立志賦予古老傳統的法式烘焙最前沿的解讀，在經典配方的構成元素裡注入無限的新意。

如今，彭程西式餐飲學校作為享譽國際的法式烘焙培訓機構之一，不斷創新提速，我們創立了中國最早的、完善的法式烘焙教學系統，助力近兩萬名烘焙愛好者走向職業道路。與此同時，也開創了一大批不會隨著時間推移而輕易被淘汰的經典配方，而這些配方，也成為今天這本書得以出版的基礎。

2020年，彭程西式餐飲學校正式加入長安開元教育集團，在集團的支持下，成立了彭程烘焙研發中心，我有幸帶著一批優秀的年輕烘焙人全身心投入技術淬煉和研發創新中，這也成為這本書得以出版的又一保障。

在傳統的認知裡，烹飪的目的就是製作食物。在我看來，這並非唯一的目的，能讓每一位對烘焙感興趣的人創作出令人驚歎的、無法解釋的、為之動容的全新世界，才是烹飪的宗旨所在。那些普通的麵粉、雞蛋、奶油等基本食材，通過我們日復一日簡單枯燥的練習而積累的感覺、專注力、想像力以及對食物的愛，去改變它們的基本狀態後，幻化出全新的生命力，變成被人欣賞的美食藝術，這本身不就是一種令人驚歎的美好嗎？

我為能從事烘焙師這樣美好的職業而倍感驕傲，為能成為美食藝術的傳播者和分享者而感到自豪。非常慶幸能夠與這麼多追求卓越、享受將食材和料理技術相融合的烘焙師們一起推動這本書的出版！

彭程簡介

中華人民共和國第一、第二屆職業技能大賽・裁判員
第23、24屆全國焙烤職業技能競賽上海賽・裁判長
長沙市第一屆職業技能大賽・裁判長
廣西壯族自治區第二屆職業技能大賽・裁判長
世界巧克力大師賽巴黎決賽・裁判員
FHC 國際甜品烘焙大賽・裁判員
國家職業焙烤技能競賽・裁判員
第五屆西點亞洲杯中國選拔賽・裁判員
國家級糕點、烘焙工・一級/高級技師
國家職業技能等級能力評價・質量督導員
法國 CAP 職業西點師
彭程西式餐飲學校創始人
長安開元教育集團研發總監
法國米其林餐廳・西點師
中歐國際工商學院 EMBA 碩士

目錄

基礎知識

· 工具……16
· 原材料……22
· 基礎配方……28
反轉酥皮……28
原味酥皮……30
可可酥皮……31
泡芙麵糊……32
可可泡芙麵糊……33
60%榛子帕林內……34
黑色鏡面淋面……36
可可脂的上色及結晶……37
· 巧克力調溫……38
調溫的目的……38
調溫失敗會發生什麼？……38
不同巧克力的操作溫度……38
使巧克力融化的方式……38
使巧克力達到預結晶溫度的方式……39
使巧克力達到使用溫度的方式……39
調溫注意事項……39

小蛋糕

秋葉……42
美女海倫梨……48

草莓生薑小蛋糕 …… 54
芒果甜柿石榴 …… 60
白蘭地荔枝花 …… 64
咖啡芒果 …… 70
碧根果牛奶巧克力香蕉 …… 78
桂花馬蹄巴黎布雷斯特 …… 84
碧根果榛子泡芙 …… 88
巧克力椰香泡芙 …… 92
咖啡榛子泡芙 …… 98
芒果百香果閃電泡芙 …… 102
焦糖咖啡閃電泡芙 …… 106
青檸檬羅勒閃電泡芙 …… 110
香草芭樂抹茶慕斯 …… 114
鳳梨百香果 …… 120
草莓茉莉檸檬草浮雲捲 …… 126
紅漿果帕芙諾娃 …… 132

分享型慕斯

香梨桂花 …… 136
黑森林 …… 142
蘋果栗子 …… 150
橘子蒙布朗 …… 156
咖啡小豆蔻歌劇院 …… 162
蘋果牛奶蕎麥 …… 168
香料梨劈柴蛋糕 …… 176
樹莓蜜桃蛋糕 …… 182

塔類

斑斕日本柚子小塔 ……190
肉桂焦糖西布斯特塔 ……200
香橙胡蘿蔔榛子塔……204
香梨蜂蜜生薑塔 ……210
藍莓烤布蕾小塔 ……216
檸檬塔 ……222
開心果鳳梨塔 ……226
焦糖香橙蜂蜜小塔 ……230
咖啡榛子弗朗 ……234

旅行蛋糕

椰香黑芝麻蛋糕 ……238
日本柚子抹茶蛋糕……242
可可櫻桃蛋糕……246
花生巧克力焦糖大理石……250
巴斯克……254
檸檬瑪德琳……258
樹莓可可費南雪 ……260
榛子費南雪……264
黑糖蛋糕 ……268
咖啡乳酪可可馬卡龍 ……270
巧克力可麗露……274
香草朗姆可麗露 ……278
無花果蜜蘭香馬卡龍 ……280
椰子餅乾 ……284
黃金起司曲奇餅乾……288
紅豆奶油司康……290

酥類

香草樹莓拿破崙 …… 294
弗朗塔 …… 298
蝴蝶酥 …… 302
水果弗朗塔 …… 304
國王餅 …… 308
拿破崙橙子可頌 …… 312
酥皮捲 …… 318

盤飾甜品

榛子李子魚子醬 …… 322
茶杯式葡萄甜品 …… 326
玉米芒果柚子小甜品 …… 330
熱帶水果巧克力小甜品 …… 334
青蘋果蔓越莓小甜品 …… 338
香蕉百香果舒芙蕾 …… 342

巧克力和糖果類

榛子樹莓小熊 …… 346
牛軋糖 …… 350
蘭姆酒松露 …… 352
白蘭地酒心巧克力糖果 …… 356

掃QR code查看封面甜點：焦糖榛子牛奶花派
配方及製作方法。

基礎知識

工具

1　攪拌機

攪拌機在甜品行業中的運用非常廣泛，它可以基本替代人工的攪拌工作。當然，重要的是要持續監控優化它，儘量避免某些可能損害機器平穩運行的情況。

2　打蛋器

用於打發，它能幫助將空氣注入需要打發的材料（如蛋白、鮮奶油等）中。

3　平攪拌槳（葉槳）

它能在不帶入空氣的前提下，將混合物攪拌均勻，經常用於攪打細膩的奶油或酥脆類麵團。

4　攪拌勾

用於攪打需要出筋或比較乾燥的麵團，如布里歐修麵團、巴巴麵團、反轉酥皮的麵皮部分等。

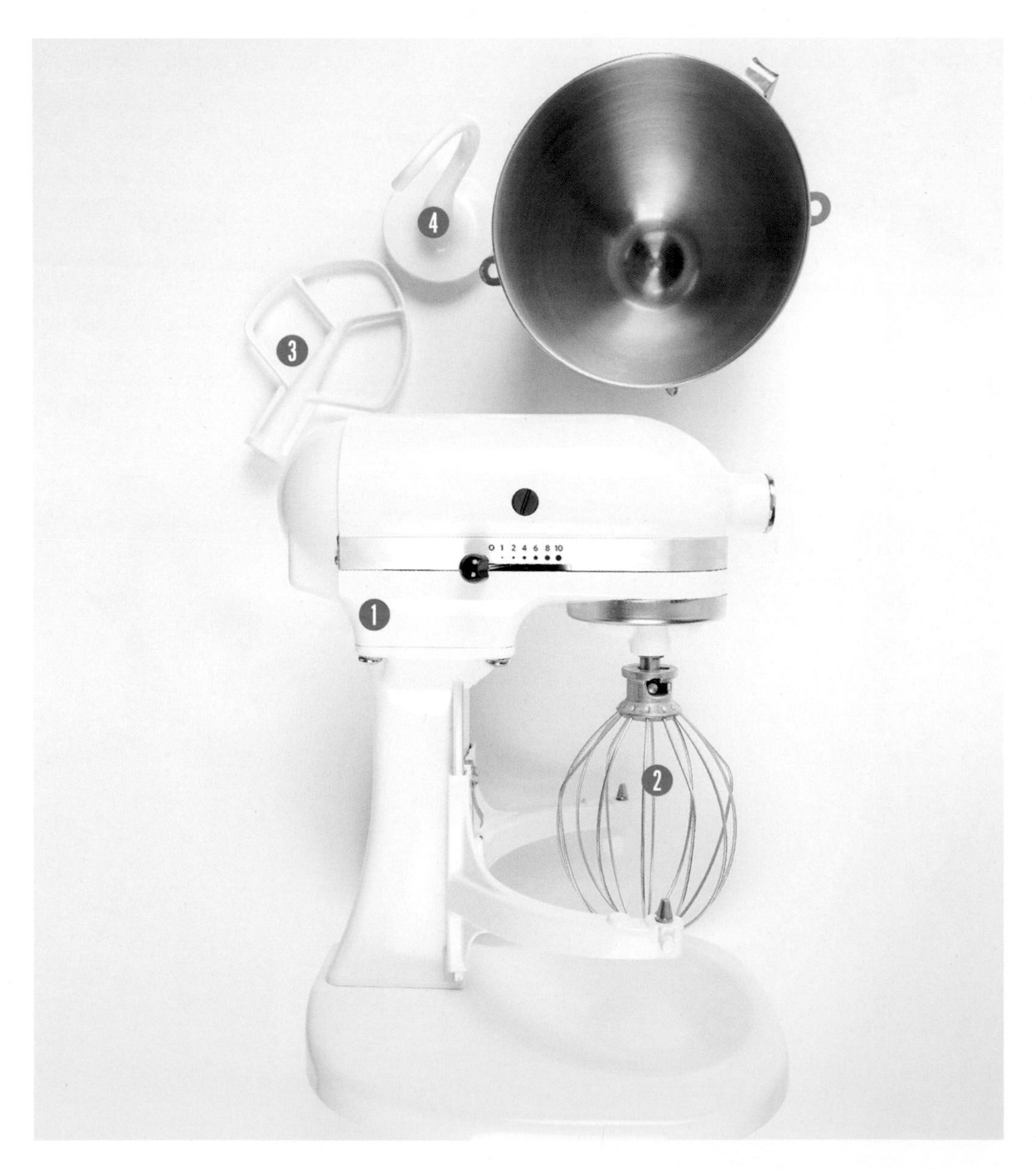

1　烘焙油紙

烘焙油紙也叫矽油紙，它是一種非常薄的、兩面皆有食品級矽油附著的紙張，市面上可以找到不同質量的矽油紙。甜品行業中經常用到。

2　矽膠墊

矽膠墊通常會用玻璃纖維加固，它有防黏的作用，矽膠墊能承受的溫度區間非常大，從-60℃到230℃。它的常見大小為長60公分、寬40公分。因為它具有防滑性，我們通常會將它墊在烤盤與模具之間防止模具錯位。

3　帶孔矽膠墊

用玻璃纖維加固的帶有小孔洞的矽膠墊，通常我們會使用它來烤沙布列類產品，它能幫助沙布列類產品在烤製過程中不易變形。（請見P.42「沙布列」的說明）

4　烘焙油布

玻璃纖維材質，它比烘焙油紙更厚更結實，並可以重複使用，它的承受溫度能達到230℃。它的使用方式非常多，常見使用方法是墊在烤盤上入烤箱。

5　烤盤

烤盤是由鋁製不黏的材質做成的，通常尺寸為長60公分、寬40公分、高2公分。烤盤用於烤製和靜置半成品。

1　軟刮刀和硬刮刀

刮刀是甜品製作過程中不可或缺的工具，通常為能夠耐高溫的矽膠或塑膠材質。

2　直抹刀和彎抹刀

抹刀作為手部的延長，有直的和彎的，通常被用來移動或抹平半成品。

3　電子秤

做甜品時，我們需要按配方上的用量準確使用材料，所以電子秤就成了必不可少的工具之一。本書中材料的用量均以克為單位。

4　紅外線溫度計

用於測量表面溫度，我們無須將溫度計直接與產品接觸，整個使用過程會更加方便和幹淨，所以在甜品行業中紅外線溫度計的使用頻率非常高。

5　打蛋器

打蛋器通常用於攪拌或打發（通過攪拌將空氣打入材料中）材料，我們能在市面上找到打蛋白的打蛋器和醬汁用打蛋器。

6　刮板

刮板為塑料材質的工具，通常一邊為圓弧狀，一邊為直邊，通常用於將盆內或缸內的剩餘材料取出。

7　擠花袋和擠花嘴

擠花袋和擠花嘴用於裱擠或使麵團成形，如奶油、比斯基等。市面上有塑料和布製的不同材質、不同大小的擠花袋，但是布製的擠花袋在使用過程中會存在一些食品安全問題，所以市面上常見的擠花袋均為塑料材質的。擠花袋通常會搭配塑料或不銹鋼材質的擠花嘴一起使用。

8　探針溫度計

不同於紅外線溫度計，探針溫度計主要用於測量內部溫度。通常使用在煮製糖水糖漿時。

9　刨絲器

刨絲器是一種用於提取不同柑橘類水果果皮的工具，也可以用於將肉桂或肉豆蔻等香料磨成非常細的粉末。同時也可以用來修整使用沙布列麵團製作的產品（例如塔皮），使其變得平整。

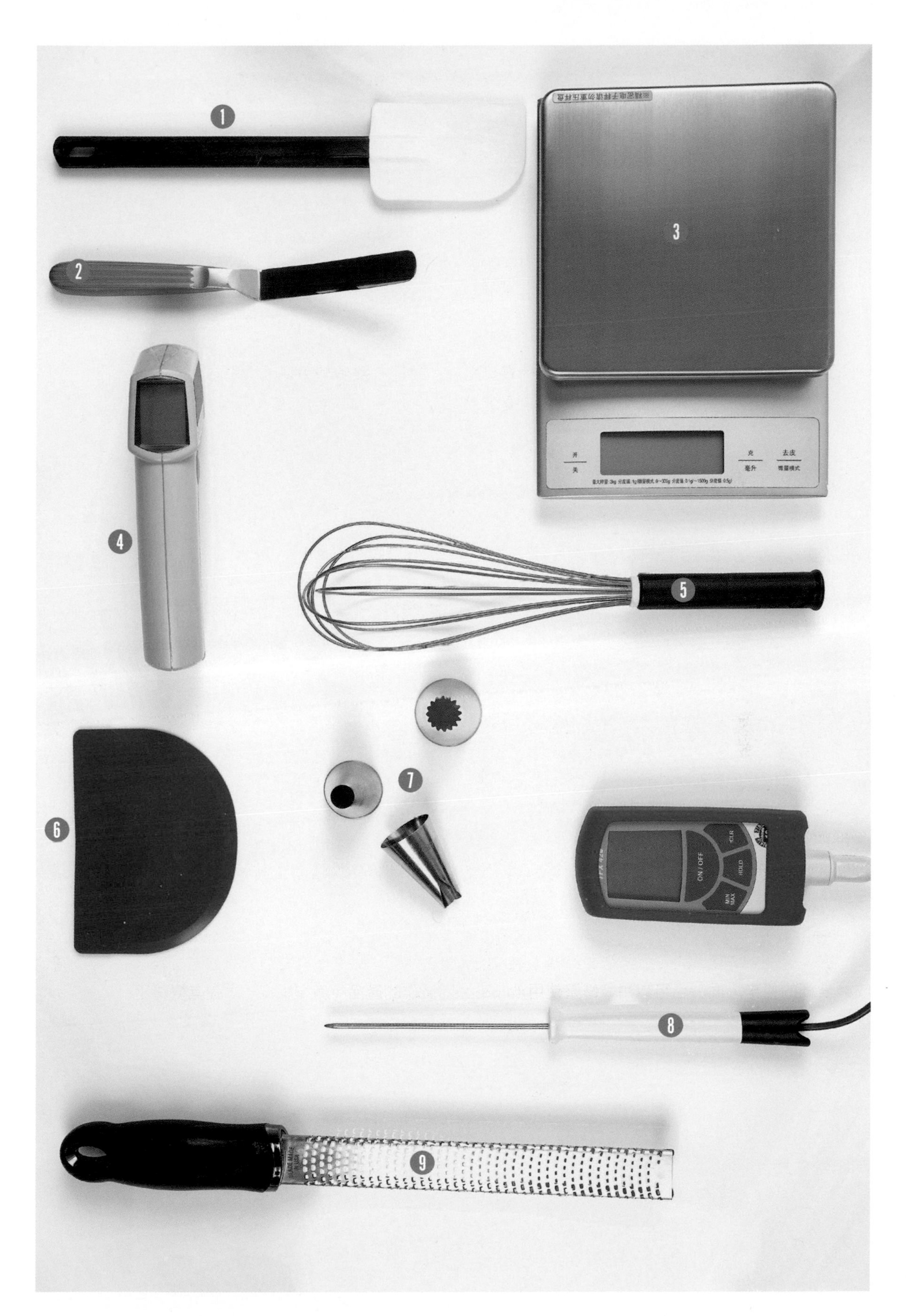
1
2
3
开
关
克
毫升
去皮
4
5
6
7
ON / OFF
CLR
HOLD
MIN
MAX
8
9

1　麵粉篩和過濾布

麵粉篩是用來過篩粉類的工具，它能使粉類材料的質地更加均勻。過濾布是用來過濾液體的工具，它能使醬類口感更細膩。

2　攪拌盆

用於完成一些攪拌混合的工作，常見的有玻璃、塑料或不銹鋼材質。可根據操作的需要選擇對應大小的盆。

3　巧克力調溫鏟刀

巧克力調溫鏟刀通常是梯形的，它是給巧克力調溫時使用的工具。

4　手持均質機

手持均質機為電子類工具，常用來完成乳化工作（如甘納許）和混合工作（如淋面）。

5　研磨盒

將堅硬物質打成粉狀，或幫助融合粉狀和液體狀材料。

多樣化模具

我們常使用的模具有很多不一樣的材質，如不銹鋼、白鐵、鋁製、矽膠或PVC塑料等。不僅材質不同，模具的形狀大小也有很大區別。

常見的模具有慕斯圈、塔圈和矽膠模具。

原材料

1　牛奶

牛奶是做甜品的基礎材料之一，通常會被用來做基礎奶油（英式奶醬、卡士達醬、慕斯）。牛奶由不同的成分組成，其中含量最多的是水，其次是酪蛋白、乳糖、油脂、部分礦物質和維生素。本書配方使用的均為乳脂含量3.5%的全脂牛奶。

2　鮮奶油

鮮奶油也被稱為鮮奶油，是提取於浮在牛奶表面的油脂部分或直接使用脫脂機（奶油分離機）離心脫脂牛奶而得到的。10升牛奶可以提取出1千克鮮奶油，鮮奶油在甜品行業的使用率非常高，在所有的慕斯類（香緹）產品裡都會用到，使用時通常需用打蛋器攪打使油脂濃縮的同時注入空氣，使其質地輕盈，需要注意的是所有乳脂含量少於30%的鮮奶油將無法打發。本書配方使用的均為乳脂含量35%的鮮奶油。

3　奶油

奶油作為乳製品也來自牛奶，它是通過物理方式來分離乳脂中的水乳液而獲得的。奶油裡含有油脂（同時也含有脂肪酸）、水、乳糖、酪蛋白和維生素。

奶油的延展性和味道讓它成為製作甜品的主要材料之一，市面上存在不同種類的奶油，其組成都一樣，不一樣的地方在於乳脂含量。例如乾奶油（乳脂含量84%的片狀奶油）和無水奶油（乳脂含量99.99%的片狀奶油），主要區別在於奶油的延展性。奶油常被用於製作麵團、比斯基類和奶油醬類等。本書中使用的是法國品牌的奶油，其乳脂含量為82%。

4　馬斯卡彭乳酪

它是一部分義式產品生產過程中必不可少的材料，馬斯卡彭乳酪本質上是一種新鮮乳酪，乳脂含量豐富，可以給產品帶來更濃厚的奶油味。

5　蛋

蛋是在所謂的產卵動物的雌性體內形成的有機體。在甜品行業中，只使用雞蛋。除了擁有高營養價值之外，雞蛋還通過其功能特性提供了另一個重要的作用。事實上，蛋白、蛋黃和全蛋分別有著不同的特性：

・蛋白擁有打發的特性；

・蛋黃擁有乳化的特性；

・蛋白、蛋黃混合擁有凝固劑的作用。

我們在甜品製作中常使用全蛋、蛋白和蛋黃。

6　奶油乳酪

奶油乳酪來自美國北部，但它的起源其實在歐洲，常用於做起司蛋糕，它是一款乳脂含量豐富的新鮮乳酪，與馬斯卡彭乳酪相比，它的鹹味、酸味和奶味會更濃郁。本書配方使用的均為乳脂含量33%的奶油乳酪。

1
2
3
4
5
6

1　粗顆粒黃糖（二砂）

黃糖是由甘蔗提煉而來的，它和白砂糖的組成成分是一樣的。

黃糖在生產過程中並沒有完全提純，所以它帶有和白砂糖不一樣的特殊風味。

黃糖是非常受甜品師歡迎的材料之一，它可以用同樣的重量去替換配方中的白砂糖。不同于白砂糖，黃糖除了能帶來甜味，還能帶來不一樣的風味。

2　糖粉

糖粉是通過碾壓白砂糖而得到的非常細膩的粉狀質地物質，糖粉比較便於和材料一起攪拌或溶於其他材料。

3　轉化糖漿和蜂蜜

轉化糖漿是砂糖加水溶解後，通過酸化和酶促水解得到的產物，也可以通過離子交換劑來完成。它是葡萄糖和果糖各半的混合物。

蜂蜜是一種由花蜜和其他甜溶液產生的甜味和黏稠物質，由蜜蜂從植物、花朵中收穫。在濃縮和加工後，蜜蜂將收穫物存放在蜂巢孔洞內部。

4　葡萄糖漿

葡萄糖漿是工業製造得來的，是以玉米澱粉或馬鈴薯澱粉為原料通過酸化或酶促水解獲得的，它是一種濃稠的透明糖漿。

5　細砂糖

細砂糖是一種能帶來甜味的食品，它來自含糖的植物，主要來自甜菜和甘蔗。它是一種白色發亮、透明、無氣味的棱狀晶體。

細砂糖是一種由兩種單糖（葡萄糖和果糖）組合而成的碳水化合物。

細砂糖可以給甜品本身帶來不一樣的「性格」，也是所有甜品甜味的主要來源。它的作用有很多：它可以增加產品本身的風味；可以減弱酸味和苦味；可以給甜品上色；可以增加酥脆感；加入在需要打發的產品中，可以增加空氣的注入量，同時細砂糖也是很好的保鮮劑。

※編註：
以下為本書所使用的原料，可在網路上購得，
或向專業烘焙材料行洽詢：

王后T65經典法式麵包粉
王后T55傳統法式麵包粉
王后T45法式糕點專用粉
肯迪雅乳酸發酵奶油
肯迪雅鮮奶油

1
2
3
4
5

1　果膠粉

果膠粉為乳黃色的細膩粉狀物，無味，大部分的果膠都來自水果，所有水果裡都含有或多或少的果膠，市面上的果膠粉主要來自水果籽（柑橘類、蘋果、梨子、榲桲等）。我們使用比較多的為NH果膠粉，它的酯化性比較低，為了方便其起到凝結的作用，需要加入酸性物質或鈣和至少20%的乾性物質。

果膠粉有熱可逆性，可以將含有果膠粉的混合物重複加熱融化和降溫凝固。

2　200凝固值吉利丁和200凝固值吉利丁混合物

吉利丁通常以粉狀或片狀的形態出現。它由動物（豬、牛、魚）的皮膚和骨骼中所含的膠原蛋白部分水解而來，它的作用是穩定材料中所含的水，凝固值的單位為Bloom（從130到250不等），使用吉利丁前，需要先瞭解清楚其凝結力，一般凝結力會標註在包裝上，如沒有則需要詢問供應商或經銷商。

吉利丁是有熱可逆性的凝膠劑，它能多次凝結-融化-再凝結。

本書的配方中使用的均為凝固值200Bloom的吉利丁，吉利丁的吸收能力為6，也就是說它需要自身重量6倍的水來混合（1：6）。

吉利丁混合物的出現是為了方便使用，它由吉利丁和水組成（依舊是1：6的比例），一起融化成40～50℃的液體後降溫至4℃，降溫凝固後切割成小方塊保存備用。

除此之外，植物吉利丁和瓊脂也是常用的凝膠劑。

植物吉利丁來自藻類和角豆樹的果實。使用時需將其與液體一起加熱，能在所有水質液體中起作用。植物吉利丁沒有耐熱性和耐凍性。用植物吉利丁做出來的果凍比較堅固、有彈性。

瓊脂來自海藻。使用時需將其與液體一起加熱，能在所有水質液體中起作用。瓊脂沒有耐熱性和耐凍性。用瓊脂做出來的果凍比較堅固、易碎。

3　鹽和鹽之花

鹽是一種無色、無氣味的結晶物質，具有刺激的味道，用作調味品。鹽或氯化鈉（NaCl）在自然界中大量存在。它存在於岩石內（岩鹽），或存在於水中。鹽之花在製劑中的溶解性要低得多，使它可以成為增味劑。

推薦使用蓋朗德（Guerande）或卡瑪格（Camargue）的鹽之花，這兩個法國地區以其生產質量而聞名。

4　香草莢

香草莢是一種豆莢，呈細長的棍狀，繼承了蘭花的受精花。它含有非常豐富的精油，我們通常使用香草莢內籽的部分，將剩餘的豆莢部分烘焙、研磨成粉末狀並使用（香草粉），它也以添加了糖漿的液體形式存在（香草膏、香草精華）。

5　麵粉

麵粉為乳白色的粉狀物，由小麥胚乳碾壓而來，我們稱之為小麥麵粉。

6　玉米澱粉

玉米澱粉是一種顏色很白、質地很細的粉狀物，如果加熱澱粉糊（水和澱粉），可以得到一種黏稠的白色膠質液體，放涼後會凝結。該特性在西點製作當中應用廣泛，例如卡士達醬、泡芙麵團、比斯基等。

7　巧克力

黑巧克力、牛奶巧克力和白巧克力是由可可豆加工而來的帶有甜味的食品（材料）。可可豆經過發酵、烘烤、碾壓，直至可可豆變成可可液，我們將從可可液中提取出來的油脂部分稱為可可脂。巧克力的主要組成部分為可可液、可可脂、糖和奶粉。

FLEUR DE SEL
le Saunier de
CAMARGUE
1
2
3
4
5
6

基礎配方

反轉酥皮

材料（總量　2000克）

麵皮部分

水　247克

白醋　5克

鹽之花（或細鹽）　23克

王后T65經典法式麵包粉　610克

肯迪雅乳酸發酵奶油　198克

油皮部分

肯迪雅乳酸發酵奶油　655克

王后T65經典法式麵包粉　262克

製作方法

麵皮部分

1 在攪拌機的缸中放入麵粉、軟化奶油（溫度約30℃）、水、鹽之花和白醋。用最低速度攪打直至出現麵團。

2 用手將麵揉成團，然後擀成厚薄均勻的方形麵團，邊長為25公分，用保鮮膜貼面包裹後放入冰箱冷藏（4℃）12小時。

油皮部分

3 在攪拌機的缸中放入奶油和麵粉，用勾槳攪拌至出現麵團。

4 將油皮麵團平均分成兩份，將每份油皮麵團整型成邊長25公分的正方形。放入冰箱冷藏（4℃）12小時。

起酥方式

5 將準備好的麵皮放在兩個油皮中間，借助擀麵棍擀壓成5公厘（mm）厚。

6 開始第一次折疊，折一個4折。用保鮮膜貼面包裹，放入冰箱冷藏（4℃）至少2小時。

7 靜置後的麵團再次壓成5公厘（mm）厚，重複步驟6。

8 靜置後的麵團再次壓成5公厘（mm）厚，折第一個3折，用保鮮膜貼面包裹，放入冰箱冷藏（4℃）至少2小時。

9 重複步驟8，冷藏時間調整為至少4小時。

小貼士

在製作反轉酥皮的過程中必須遵守配方中的靜置時間，並且在整個操作過程中，需確保麵團溫度在12～14℃。

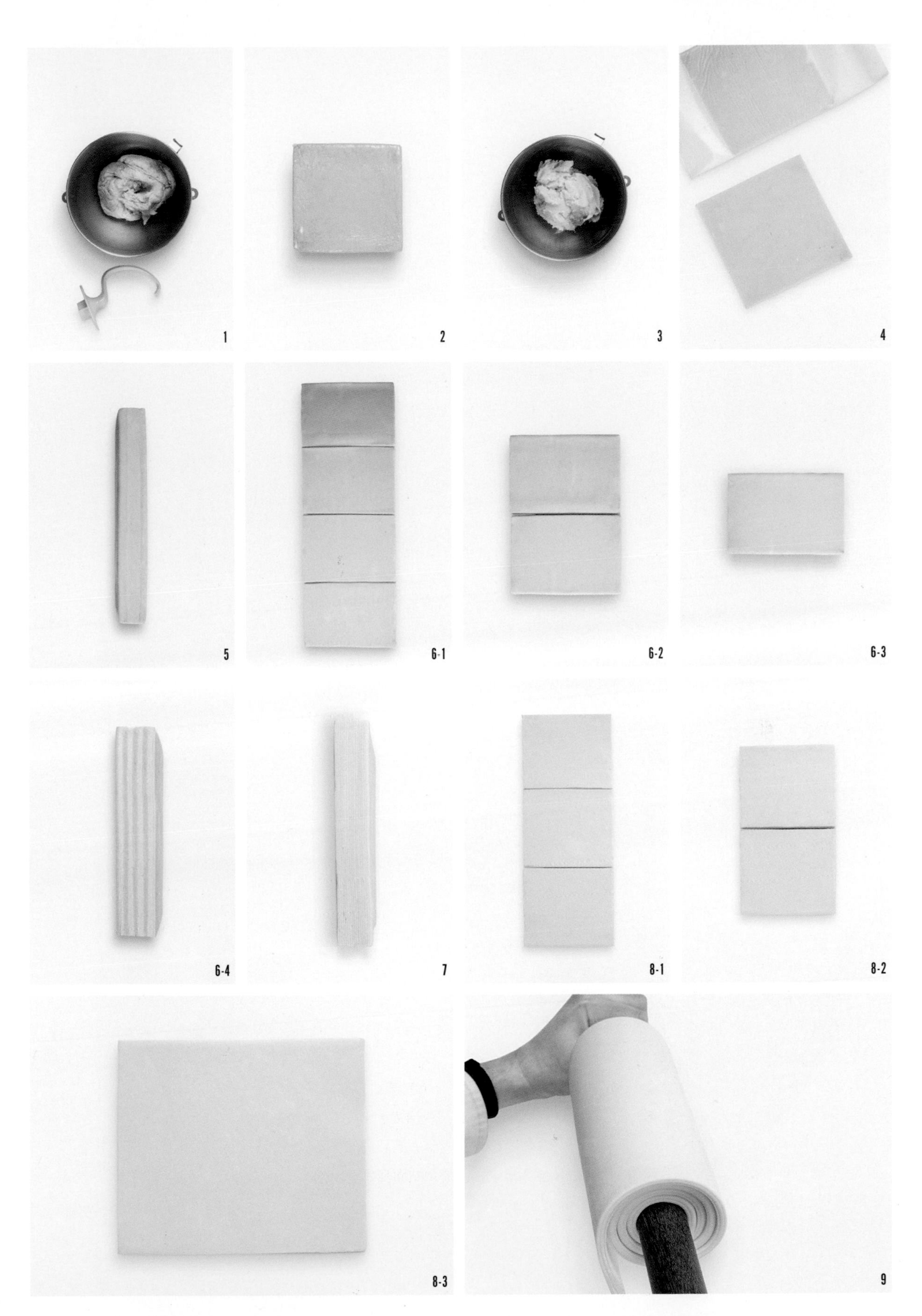
1
2
3
4
5
6-1
6-2
6-3
6-4
7
8-1
8-2
8-3
9

原味酥皮

材料（總量　265克）

肯迪雅乳酸發酵奶油　75克
王后T65經典法式麵包粉　95克
細砂糖　95克

製作方法

1. 將所有材料放入攪拌機的缸中。
2. 用平攪拌槳攪打至出現無奶油顆粒的麵團。
3. 將攪打好的酥皮麵團放在兩張烘焙油布中間，壓薄後放入冰箱冷藏（4℃）12小時。
4. 切割出所需的大小即可。

小貼士

為了防止酥皮在烤製過程中變形，可以將細砂糖過篩，去除過大的顆粒。

可可酥皮

材料（總量　275克）

肯迪雅乳酸發酵奶油　75克
王后T65經典法式麵包粉　95克
細砂糖　95克
可可粉　10克

製作方法

1 將所有材料放入攪拌機的缸中，用平攪拌槳攪打至出現無奶油顆粒的麵團。
2 將攪打好的酥皮麵團放在兩張烘焙油布中間，壓薄後放入冰箱冷藏（4℃）12小時。
3 切割出所需的大小即可。

小貼士

為了防止酥皮在烤製過程中變形，可以將細砂糖過篩，去除過大的顆粒。

1

2

3

泡芙麵糊

材料（總量　780克）

水　125克
全脂牛奶　125克
肯迪雅乳酸發酵奶油　125克
細砂糖　2.5克
細鹽　2.5克
王后T55傳統法式麵包粉　150克
全蛋　250克

製作方法

1. 在單柄鍋中放入水、全脂牛奶、奶油、細鹽和細砂糖，一起加熱至沸騰。
2. 離火後加入過篩的麵粉，麵糊攪拌均勻至無顆粒後，開火繼續翻炒麵糊至單柄鍋底有一層膜出現。將炒好的麵糊倒入攪拌機的缸中，用平攪拌槳中速攪拌。
3. 當溫度降至50℃時，將打散的全蛋分三四次加入，攪拌直至出現圖中的麵糊狀態。
4. 將做好的麵糊放入盆中，用保鮮膜貼面包裹，放入冰箱冷藏（4℃）至少12小時，即可使用。

小貼士

泡芙麵糊做好後可以直接使用，但靜置後的泡芙麵糊烤出來的狀態會更穩定、不易開裂。

1 2 3 4

可可泡芙麵糊

材料（總量　780克）

水　125克
全脂牛奶　125克
肯迪雅乳酸發酵奶油　125克
細砂糖　2.5克
細鹽　2.5克
王后T55傳統法式麵包粉　120克
深黑可可粉　30克
全蛋　250克

製作方法

1. 在單柄鍋中加入水、全脂牛奶、奶油、細鹽和細砂糖，一起加熱至沸騰，離火後加入過篩的麵粉和可可粉。
2. 攪拌均勻後回煮至麵團變乾、單柄鍋鍋底有一層膜後停止。將炒好的麵團倒入攪拌機的缸中，用平攪拌槳中速攪拌。
3. 當麵團溫度降至50℃時，將打散的全蛋分三四次加入。攪拌直至出現圖中的麵糊狀態。
4. 將做好的麵糊放入盆中，用保鮮膜貼面包裹，放入冰箱冷藏（4℃）至少12小時，即可使用。

60%榛子帕林內※

材料（總量　450.5克）

榛子仁　270克
細砂糖　180克
細鹽　0.5克

製作方法

1 將製作60%榛子帕林內的材料準備好。
2 將榛子仁放入烤箱，150℃烘烤至內部上色，取出，冷卻備用。
3 單柄鍋中分四五次加入細砂糖熬煮，每次需要等糖完全化開再加入下一次，直至熬成深棕色的乾焦糖。
4 將煮好的乾焦糖倒在矽膠墊上，放至降溫。
5 將放涼的榛子仁、放涼敲碎的乾焦糖和細鹽一起放入調理機中。
6 開機攪打至細膩無顆粒。
7 倒入碗中，用保鮮膜貼面包裹，放入冰箱冷藏（4℃）備用即可。

小貼士

烘烤堅果（本配方中為榛子）的過程非常重要，需要烘烤至均勻上色。因為堅果的香味需要烘烤後才能凸顯出來。

※帕林內：法語「Praliné」的音譯，將焦糖堅果製成糊狀，即為「帕林內」。

1
2
3-1
3-2
3-3
4
5
6
7

黑色鏡面淋面

材料（總量　1249克）

細砂糖　390克
水　163克
肯迪雅鮮奶油　288克
葡萄糖漿　145克
深黑可可粉　108克
轉化糖漿　43克
吉利丁混合物　112克
（或16克200凝固值吉利丁粉+
96克泡吉利丁粉的水）

製作方法

1. 單柄鍋中加入水、細砂糖和葡萄糖漿，借助探針溫度計加熱至120℃。
2. 在另一個單柄鍋中加入鮮奶油和轉化糖漿，加熱至沸騰。離火，加入可可粉，攪拌均勻。
3. 分兩三次將第步驟1的糖漿水與步驟2的材料混合均勻；加入泡好水的吉利丁混合物並攪拌至化開；借助均質機均質細膩光滑。
4. 將均質好的淋面過篩倒入盆中，用保鮮膜貼面包裹，放入冰箱冷藏（4℃）至少12小時，即可使用。

小貼士

此配方的鏡面淋面可以在不同的溫度時使用，根據不同情況來調整鏡面淋面的使用溫度即可。

可可脂的上色及結晶

材料

可可脂與油溶色粉/可可液塊

可可脂的顏色及材料對照表

紅色可可脂	100克可可脂+8克紅色油溶色粉
白色可可脂	100克可可脂+12克食品級鈦白粉
黃色可可脂	100克可可脂+9克黃色油溶色粉
綠色可可脂	100克可可脂+5克黃色油溶色粉+3克綠色油溶色粉
黑色可可脂	100克可可脂+5克竹炭粉
可可顏色的可可脂	100克可可脂+100克可可液塊

製作方法（以製作黑色可可脂為例）

1 將可可脂融化至50℃。
2 加入油溶色粉或可可液塊。
3 用均質機均質至均勻細膩。
4 將均質好的可可脂用細孔的網篩過濾即可，這一步非常重要。

小貼士

①在使用上色後的可可脂之前，需要將溫度調整到27～28℃。在整個使用過程中都需要時刻關注可可脂的溫度，若溫度降低，則需要升溫。

②由於每個品牌色素色度不一，可可脂和色素的混合比例需酌情調整。

1 2 3 4

巧克力調溫

調溫的目的

調溫也被稱作預結晶，是巧克力製作工藝中最重要的部分。它是通過重新組合可可脂中結晶的方式來起作用的，重新結晶的巧克力降溫後會變得光滑和光亮，其質地擁有了堅硬的特性，並且保質期也會變得比較長久，這些都來源於調溫後穩定的晶體。

當可可脂降溫後便轉為了穩定狀態，降溫的過程中，可可脂中分子結構的晶體形成。這些晶體並不單一（一般我們說可可脂中有5種不同的晶體），它們的融化溫度都各不相同。然而在所有晶體中，最為穩定的就是β（貝塔）晶體。

所以整個調溫的過程其實是為了使β晶體出現在可可脂中，而這種晶體通常根據巧克力種類的不同（黑巧克力、牛奶巧克力、白巧克力）而出現在26～29℃的溫度區間內。

調溫失敗會發生什麼？

若結晶體太多（冷卻時間過長，基底溫度過高），巧克力會變得非常黏稠而無法正常使用。若結晶體不足（冷卻過程中的溫度過高），會導致結晶不全面，巧克力凝固後的光亮度就會大打折扣。

調溫沒有調好的話，巧克力的質地會變得非常脆弱且容易融化，並且我們無法用沒有調溫的巧克力來做任何黏接的工作。

不同巧克力的操作溫度

巧克力種類	融化溫度	預結晶溫度	使用溫度
黑巧克力	50～55℃	28～29℃	30～31℃
牛奶巧克力	40～45℃	27～28℃	28～29℃
白巧克力	40～45℃	26～27℃	27～28℃

使巧克力融化的方式

- 常見的方式有水浴法，但是水浴可能會導致水氣進入巧克力中，這些入侵的水氣可能會導致巧克力後期無法使用。
- 使用微波爐加熱。根據需要融化的巧克力的量或巧克力的種類來選擇微波爐的功率和時間。溫度太高或時間過久都可能會導致巧克力燒焦，同時可能會使巧克力失去流動性。

- 使用巧克力調溫機。巧克力調溫機可以更好地將巧克力調溫，但需要提前24小時將巧克力放入機器中並開啟設備。

使巧克力達到預結晶溫度的方式

- 桌面調溫法。借助溫度在18～22℃的大理石板，將升溫並融化好的巧克力倒在大理石板上，借助巧克力調溫刀將巧克力在大理石板上撥動，撥動時需小心，不要把過多的空氣帶入。巧克力在大理石板上「走動」的過程中，其溫度慢慢下降，並開始預結晶。
  當溫度降至所需溫度後，將其裝入塑料盆中（建議選用塑料盆，因為塑料盆能更好地保持巧克力的溫度），防止巧克力的溫度繼續下降。
- 種子調溫法。這是一種可以替代桌面調溫法的方法，如果你的桌面上沒有大理石板，可以使用這種方法來調溫。巧克力融化後，向其中加入其重量1/4的結晶巧克力碎。攪拌混合物直至所有巧克力全部融化（如有需要可以用均質機均質，但非常需要技巧，因為均質機的刀頭在旋轉過程中會因摩擦而導致巧克力升溫），不同種類巧克力的降溫溫度不同，需根據情況而定，但是這種調溫方式可能會使巧克力失去一定的流動性。

使巧克力達到使用溫度的方式

為了能夠達到升溫巧克力的效果，可以使用水浴法或吹風機。無論使用哪種方式，都需要小心不要讓溫度超過使用溫度，一旦發現溫度超過了使用溫度，那就需要重新調溫。

巧克力調好溫後，在整個使用過程中都需要時刻保持巧克力的溫度，因為調好溫的巧克力一旦開始降溫，就會開始結晶變稠甚至凝固。

調溫注意事項

巧克力需要在溫度為18～22℃、濕度小於60%的環境下結晶，無論是哪種巧克力（黑巧克力、牛奶巧克力或白巧克力），都需要至少12小時才能完全結晶。

根據巧克力成品的厚度和大小不同，結晶時間也不同。

在長久的保存過程中，需要當心溫度差可能會導致水氣出現在巧克力上，這些水氣可能會使巧克力表面出現白霜（成品巧克力無須放置在冰箱內保存，18～22℃的常溫即可）。

小蛋糕

秋葉

材料（可製作24個高7公分的成品）

栗子沙布列※

肯迪雅乳酸發酵奶油　200克
糖粉　80克
王后T55傳統法式麵包粉　300克
栗子粉　30克
鹽之花　2克
全蛋　30克

栗子比斯基※

法式栗子餡　436.4克
法式栗子泥　163.6克
全蛋　272.8克
葡萄籽油　109.0克
玉米澱粉　38.2克
蛋白　163.6克
細砂糖　54.6克
肯迪雅乳酸發酵奶油　38.2克

蘋果白蘭地焦糖

蘋果（耐煮）　450克
細砂糖A　45克
NH果膠粉　7.5克
細砂糖B　20克
蘋果白蘭地　45克

栗子慕斯林奶油霜

全脂牛奶　100克
香草莢　1/2根
法式栗子泥　140克
法式栗子抹醬　150克
法式栗子餡　50克
玉米澱粉　8克
蛋黃　67.5克
蘋果白蘭地　10克
吉利丁混合物　35克
（或5克200凝固值吉利丁粉+30克泡吉利丁的水）
細鹽　1克
肯迪雅乳酸發酵奶油　120克

蘋果白蘭地栗子香草打發甘納許

肯迪雅鮮奶油A　183克
寶茸冷凍栗子果泥　100克
吉利丁混合物　21克
（或3克200凝固值吉利丁粉+18克泡吉利丁粉的水）
柯氏白巧克力　97克
肯迪雅鮮奶油B　400克
蘋果白蘭地　30克

橘子果醬

寶茸橘子果泥　150克
寶茸杏桃果泥　75克
蜂蜜　30克
細砂糖　10克
NH　果膠粉　5克
吉利丁混合物　28克
（或4克200凝固值吉利丁粉+24克泡
吉利丁粉的水）

裝飾

葉子形狀的巧克力片
巧克力樹葉

※沙布列：法文「sablé」的音譯，意為像沙子一樣鬆鬆碎碎的口感，那是因為使用發酵奶油與麵粉製成的麵團，會呈現細小的沙粒狀。是一種傳統的法國餅乾。

※比斯基：即biscuits。在英語中是「餅乾」的意思，法語則指用「分蛋法做的海綿蛋糕」，迄今已衍生各種不同的作法和配方。在本書中泛指一層薄薄的蛋糕體，有時在底部，有時在中間分層。

製作方法

蘋果白蘭地焦糖

1 將蘋果洗淨去皮後切成3公厘（mm）的丁。在單柄鍋中放入細砂糖A做成乾焦糖。

2 加入切好的蘋果丁，一起翻炒並加熱至蘋果水分煮出。篩入攪拌均勻的細砂糖B和NH果膠粉，一起加熱至沸騰。

3 溫度升高後倒入蘋果白蘭地點火。倒入盆中，用保鮮膜貼面包裹，放入冰箱冷藏（4℃）備用。

栗子慕斯林奶油霜

4 在單柄鍋中倒入全脂牛奶、玉米澱粉、細鹽、蛋黃和香草莢的籽，一起慢慢加熱至沸騰，加入泡好水的吉利丁混合物。

5 攪拌均勻後倒在調理機中，加入栗子泥、栗子餡、栗子抹醬，開機攪拌，將裡面的混合物乳化，停機後用軟刮刀將內壁刮乾淨。加入切成小塊的奶油（常溫），再次開機攪打。

6 加入蘋果白蘭地，攪拌均勻。將做好的混合物倒入盆中，用保鮮膜貼面包裹，放入冰箱冷藏（4℃）至少12小時。使用前需要打發。

小貼士

冷凍栗子果泥和蘋果白蘭地需要在混合物涼的時候加入，這樣才能最大程度地保存風味。

蘋果白蘭地栗子香草打發甘納許

7 在單柄鍋中倒入鮮奶油A，加熱至70～80℃，加入泡好水的吉利丁混合物。

8 攪拌至化開後倒入白巧克力中均質，加入鮮奶油B，再次均質完成乳化。

9 加入冷凍栗子果泥和蘋果白蘭地再次乳化。將液體過篩倒入盆中，用保鮮膜貼面包裹，放入冰箱冷藏（4℃）至少12小時。

小貼士

NH果膠粉和細砂糖需要攪拌均勻，這樣可以確保倒入混合物中時不會有顆粒。

橘子果醬

10 在單柄鍋中倒入橘子果泥、杏桃果泥和蜂蜜，一起加熱至35～40℃，篩入細砂糖和NH果膠粉的混合物，並用打蛋器攪拌均勻。

11 加熱至沸騰後離火，加入泡好水的吉利丁混合物，攪拌至化開。

12 倒入盆中，用保鮮膜貼面包裹，放入冰箱冷藏（4℃）至少12小時。

1
2
3
4
5
6
7
8
9
10
11
12

小貼士

沙布列出爐後趁熱撒上可可脂粉，這個操作可以有效防潮。

栗子沙布列

13 使用時確保所有材料溫度在4℃左右。在調理機中放入所有乾性材料和切成小塊的奶油，開機攪打至沒有奶油顆粒，加入打散的全蛋，繼續攪拌至出現麵團。

14 把麵團倒在桌上，用手掌繼續碾壓至混合均勻，將麵團整型後放在兩張烘焙油布中間，壓成3公厘（mm）厚。放入冰箱冷藏（4℃）至少12小時。

15 從冰箱取出，用葉子形狀的切割模具將麵皮切割成長約7.5公分、寬約5公分的葉子狀。夾在兩張帶孔矽膠墊中間，放入旋風烤箱，150℃烤約20分鐘。

小貼士

蛋白和細砂糖打發時，需要將糖一次性加入，這樣打出來的蛋白霜的狀態會更加穩定，因為細砂糖會溶於蛋白的水分裡變成糖漿，這種糖漿水會給蛋白霜帶來更好的彈性。

栗子比斯基

16 在調理機中放入栗子餡、栗子泥和全蛋，攪拌至混合物細膩無顆粒。加入玉米澱粉，再次開機用調理機攪打。加入葡萄籽油和液體奶油的混合物，再次開機攪打。將攪打均勻的混合物倒入盆中。

17 將蛋白和細砂糖倒入攪拌機中，中速攪拌，直至出現鷹嘴狀。

18 將步驟4的混合物輕柔地拌入步驟5打發的蛋白中，攪拌均勻後將其倒在鋪有烘焙油布的烤盤上，並借助彎抹刀將其抹平。

19 放入旋風烤箱，165℃烤12～14分鐘。烤好出爐，在表面蓋一張烘焙油布，翻轉過來放在網架上降溫。

組合與裝飾

20 準備好切成葉子形狀的栗子比斯基；蘋果白蘭地焦糖攪拌均勻後裝入擠花袋中；橘子果醬均質細膩後放入擠花袋中；栗子慕斯林奶油霜放入攪拌機中，借助平攪拌槳打發後放入裝有擠花嘴（擠花嘴型號Wilton 102）的擠花袋中；蘋果白蘭地栗子香草打發甘納許放入攪拌機中，借助打蛋器打發後放入裝有擠花嘴（擠花嘴型號Wilton 102）的擠花袋中。

21 取出一片烤好的栗子沙布列，將切好的栗子比斯基放在栗子沙布列上。

22 在比斯基空心的部分擠入蘋果白蘭地焦糖。

23 放上第二層栗子沙布列，擠入栗子慕斯林奶油霜。

24 放上葉子形狀的巧克力片，擠入蘋果白蘭地栗子香草打發甘納許和橘子果醬，放上巧克力樹葉裝飾即可。

3mm
3mm
13
14
15
16
17
18
19
20
21
22
23
24

美女海倫梨

材料（可製作24個高7公分的成品）

可可沙布列

肯迪雅乳酸發酵奶油　200克
糖粉　80克
王后T55傳統法式麵包粉　300克
可可粉　30克
鹽之花　2克
全蛋　30克

可可鬆軟比斯基

蛋白　240克
細砂糖　145克
蛋黃　150克
全脂牛奶　85克
葡萄籽油　83克
王后T55傳統法式麵包粉　125克
可可粉　25克
泡打粉　5克
細鹽　3克

威廉姆黑巧克力甘納許

肯迪雅鮮奶油　300克
轉化糖漿　50克
柯氏55%黑巧克力　190克
威廉姆啤梨酒　30克

香草馬斯卡彭奶油

肯迪雅鮮奶油　300克
細砂糖　30克
吉利丁混合物　18.9克
（或2.7克200凝固值吉利丁粉+16.2克泡吉利丁粉的水）
香草莢　1根
馬斯卡彭乳酪　50克

梨子果醬

寶茸梨子果泥　372克
細砂糖　77克
NH果膠粉　7克
鮮榨黃檸檬汁　6克
威廉姆啤梨酒　19克
吉利丁混合物　49克
（或7克200凝固值吉利丁粉+42克泡吉利丁粉的水）

威廉姆酒漬梨子

水　333克
細砂糖　133克
維生素C　1克
威廉姆啤梨酒　127克
威廉姆啤梨※　200克

裝飾

梨子形狀的巧克力片
梨子形狀的巧克力飾件

※威廉姆啤梨：又稱「威廉姆斯梨」「威廉斯梨」。

製作方法

可可沙布列

1 使用時確保所有材料溫度在4℃左右。在調理機中放入所有乾性材料和切成小塊的奶油，一起攪打成沙礫狀，沒有奶油顆粒時停止，加入全蛋，一起攪打至麵團出現。

2 將麵團倒在桌面上，用手掌按壓的方式完成攪拌。將整型好的麵團放在兩張烘焙油布中間，壓成2公厘（mm）厚，放入冰箱冷藏（4℃）至少12小時。

3 用梨子形狀的切割模具切出形狀，夾在兩張帶孔矽膠墊中間，放入旋風烤箱，150℃烤約20分鐘。

可可鬆軟比斯基

4 在攪拌機的缸中放入蛋黃和細鹽，用打蛋器打發成慕斯狀。在另外一個攪拌機的缸中放入蛋白和細砂糖，同樣打發成慕斯狀。輕輕地分次將打發的蛋黃拌入打發的蛋白中。

5 將過篩後的粉類分次撒入，用軟刮刀攪拌均勻。

6 將全脂牛奶與葡萄籽油混合，加一點步驟5的混合物，攪拌均勻後倒回步驟5剩餘的混合物中，攪拌均勻。

7 將麵糊倒在鋪有烘焙油布的烤盤中，借助彎抹刀將麵糊抹平整。放入旋風烤箱，190℃烤6～8分鐘。烤好出爐，在表面蓋一張烘焙油布，翻轉過來放在網架上降溫。

威廉姆黑巧克力甘納許

8 在單柄鍋中放入鮮奶油和轉化糖漿，一起加熱至75～80℃，然後倒在黑巧克力上，用打蛋器攪拌均勻。

9 加入威廉姆啤梨酒後均質完成乳化。將乳化好的混合物倒入盆中，用保鮮膜貼面包裹，放在17℃的環境下24小時，靜置結晶。

小貼士

避免將甘納許放入冰箱冷藏靜置結晶，因為冰箱的溫度會使甘納許過度結晶而導致質地堅硬，無法使用。

香草馬斯卡彭奶油

10 把香草莢剖開，刮出香草籽。在單柄鍋中放入鮮奶油、香草籽和細砂糖，一起加熱至50℃，加入泡好水的吉利丁混合物，攪拌至完全化開。加入馬斯卡彭乳酪，使用手持均質機將混合物攪打細膩，過篩倒入盆中。用保鮮膜貼面包裹，放入冰箱冷藏（4℃）至少12小時。使用時，將冰好的香草馬斯卡彭奶油倒入攪拌機的缸中，用打蛋器打發。

小貼士

最後才加入威廉姆啤梨酒是為了最大程度地保持風味。

梨子果醬

11 在單柄鍋中加入梨子果泥，加熱至35～40℃後離火，將NH果膠粉和細砂糖的混合物篩入。加熱至沸騰後加入泡好水的吉利丁混合物。加入鮮榨黃檸檬汁，攪拌至完全化開後倒入盆中，用保鮮膜貼面包裹，放入冰箱冷藏（4℃）12小時。使用前加入威廉姆啤梨酒並均質。

小貼士

通過塑封浸泡將糖水和威廉姆啤梨酒浸入梨子裡面，不用煮的方式來獲得這樣的效果是為了防止破壞梨子的口感。

威廉姆酒漬梨子

12 將威廉姆啤梨去皮去核後切割成3公厘（mm）的小丁。

13 將水、細砂糖和維生素C混合，加熱至沸騰後降溫至4℃，加入威廉姆啤梨酒，與切好的啤梨混合，放入抽真空的袋子中（防止啤梨氧化變色）。塑封後放入冰箱冷藏（4℃）至少12小時。使用前需要將水過濾掉。

組合與裝飾

14 將可可鬆軟比斯基切割成梨子的形狀；將威廉姆酒漬梨子過濾備用；攪拌梨子果醬至順滑，加入威廉姆啤梨酒後放入擠花袋中備用；將威廉姆黑巧克力甘納許放入裝有擠花嘴（擠花嘴型號Wilton 102）的擠花袋中；用打蛋器將香草馬斯卡彭奶油打發，放入裝有擠花嘴（擠花嘴型號Wilton 102）的擠花袋中。

15 取一塊可可沙布列，在上面放一片可可鬆軟比斯基。將威廉姆酒漬梨子放在比斯基中間空心的部分。

16 放上第二片可可沙布列，擠入威廉姆黑巧克力甘納許。

17 放上一片梨子形狀的巧克力片，在巧克力片上擠入香草馬斯卡彭奶油和梨子果醬。

18 最後放上梨子形狀的巧克力裝飾即可。

10
11
12
13
14
15
16
17
18

草莓生薑小蛋糕

材料（可製作24個直徑5.5公分的成品）

生薑康寶樂※

肯迪雅乳酸發酵奶油　65克
王后T55傳統法式麵包粉　65克
杏仁粉　55克
黃糖　50克
細鹽　1克
生薑粉　6克

重組康寶樂

生薑康寶樂（見上方）　210克
柯氏白巧克力　50克

君度杏仁蛋糕體

全蛋　280克
50%杏仁膏　400克
泡打粉　5克
王后T55傳統法式麵包粉　90克
肯迪雅乳酸發酵奶油　130克
蛋白　100克
60%君度酒　50克

草莓生薑甘納許

鮮榨生薑汁　20克
寶茸草莓果泥A　45克
吉利丁混合物　28克
（或4克200凝固值吉利丁粉+24克泡吉利丁粉的水）
柯氏白巧克力　145克
寶茸草莓果泥B　175克
鮮榨青檸檬汁　10克

草莓凝膠

寶茸草莓果泥　375克
三仙膠　0.8克
右旋葡萄糖粉　37.5克
吉利丁混合物　56克
（或8克200凝固值吉利丁粉+48克泡吉利丁粉的水）

酸奶慕斯

無糖希臘酸奶　244克
全脂奶粉　15.1克
細鹽　0.9克
鮮榨黃檸檬汁　43.1克
200凝固值吉利丁粉　7.2克
右旋葡萄糖粉　73.8克
細砂糖　20.8克
蛋白　100.2克
肯迪雅鮮奶油　194.8克

裝飾

白色可可脂（配方見P37）
鏡面果膠（配方見P190）

※康寶樂：由「Crumble」音譯而來，基本款是用麵粉、奶油、糖攪拌而成，再捏成碎粒狀，口味類似奶酥。可自由添加喜好食材，製成特別款的康寶樂。

製作方法

君度杏仁蛋糕體

1 50%杏仁膏和全蛋必須是常溫（20℃左右），將它們倒入調理機中，攪打至沒有顆粒後倒入攪拌機，用打蛋器打發至飄帶狀。將蛋白打發成慕斯狀。用軟刮刀輕輕地將打發好的蛋白與杏仁膏和全蛋的混合物攪拌均勻，篩入麵包粉和泡打粉的混合物，攪拌均勻。

2 60%君度酒和融化至50～55℃的奶油攪拌均勻，加入少許步驟1的混合物，攪拌均勻後倒回剩餘的步驟1的混合物中。

3 繼續攪拌均勻後倒入鋪有烘焙油布的烤盤中（長60公分、寬40公分），用彎抹刀將君度杏仁蛋糕麵糊抹平整後放入烤箱，165℃烤10～12分鐘。烤好出爐，在表面蓋一張烘焙油布，翻轉過來放在網架上降溫。

生薑康寶樂

4 將製作生薑康寶樂的所有材料放入攪拌機的缸中，用平攪拌槳攪拌直至出現麵團。將麵團碾壓過刨絲器，刨出顆粒均勻的小塊，放入烤箱，150℃烤20～25分鐘。取出後避潮保存。

重組康寶樂

5 將烤好放涼的生薑康寶樂放入攪拌機的缸中，加入融化至40～45℃的白巧克力。用平攪拌槳慢慢攪拌直至生薑康寶樂被白巧克力均勻包裹。秤重放入模具中（每個凹槽中放入8克），用勺子將重組後的康寶樂壓在模具內，放入冰箱冷藏（4℃）備用。

小貼士

草莓果泥可在室溫下放置融化，儘量不要加熱，這樣可以最大程度保存果泥的風味。

草莓凝膠

6 在盆中放入20～22℃的草莓果泥，加入右旋葡萄糖粉和三仙膠的混合物，使用手持均質機將其攪打均勻。

7 將吉利丁混合物加熱至45～50℃（可用微波爐或隔水加熱的方式），使其化開。取一點均質好的草莓果泥倒入融化的吉利丁混合物內攪拌，攪拌均勻後倒回剩餘的均質好的草莓果泥中攪拌均勻。

8 倒入直徑3公分的半圓形模具中，放入冰箱冷凍。

草莓生薑甘納許

9 在單柄鍋中放入草莓果泥A、鮮榨青檸檬汁和鮮榨生薑汁，加熱至75～80℃。加入泡好水的吉利丁混合物，攪拌均勻至化開後倒在白巧克力上，借助手持均質機均質乳化。加入草莓果泥B，再次均質乳化。倒入碗中備用。

1
2
3
4
5
6
7
8
9

酸奶慕斯

10 將200凝固值的吉利丁粉泡入鮮榨黃檸檬汁中備用。在攪拌機的缸中放入蛋白、右旋葡萄糖粉和細砂糖，將放入蛋白的缸放入隔水的單柄鍋中，將蛋白溫度升至55～60℃。

11 用打蛋器將蛋白中速打發成瑞士蛋白霜，在溫度為30℃時停下。

12 將酸奶在20～22℃時與全脂奶粉和細鹽混合攪拌，同時加入融化至45～50℃的泡好水的吉利丁混合物。攪拌均勻後倒入打發好的瑞士蛋白霜，用打蛋器攪拌均勻。

13 最後加入打發的鮮奶油，馬上使用。

組合與裝飾

14 可麗露矽膠模具中放入重組康寶樂，用勺子將其黏在模具內壁，並將君度杏仁蛋糕體用圓形切割模具切割出需要的形狀，每個成品中有兩片君度杏仁蛋糕體。在重組康寶樂的中央用擠花袋擠入少量草莓生薑甘納許。

15 在草莓生薑甘納許上放一片切割好的君度杏仁蛋糕體，再擠入少量草莓生薑甘納許，再放一層君度杏仁蛋糕體。擠入酸奶慕斯，抹平整後放入冰箱冷凍。

16 在另一個可麗露矽膠模具中擠入酸奶慕斯，用抹刀將酸奶慕斯鋪滿模具內壁，放入草莓果凍。

17 補上一些酸奶慕斯後抹平整，放入冰箱冷凍。

18 將兩個可麗露矽膠模具中的半成品脫模，平整的一面相對擺放，白色可可脂調溫好後用噴砂機將其噴在表面，放入-11℃的冰箱中冷凍。鏡面果膠融化至45～50℃，用噴砂機將其噴在白色可可脂噴砂的表面。

19 放在蛋糕架上，放入冰箱冷藏（4℃）備用，在蛋糕表面放一片草莓切片並刷上鏡面果膠，最後放上薄荷葉即可。

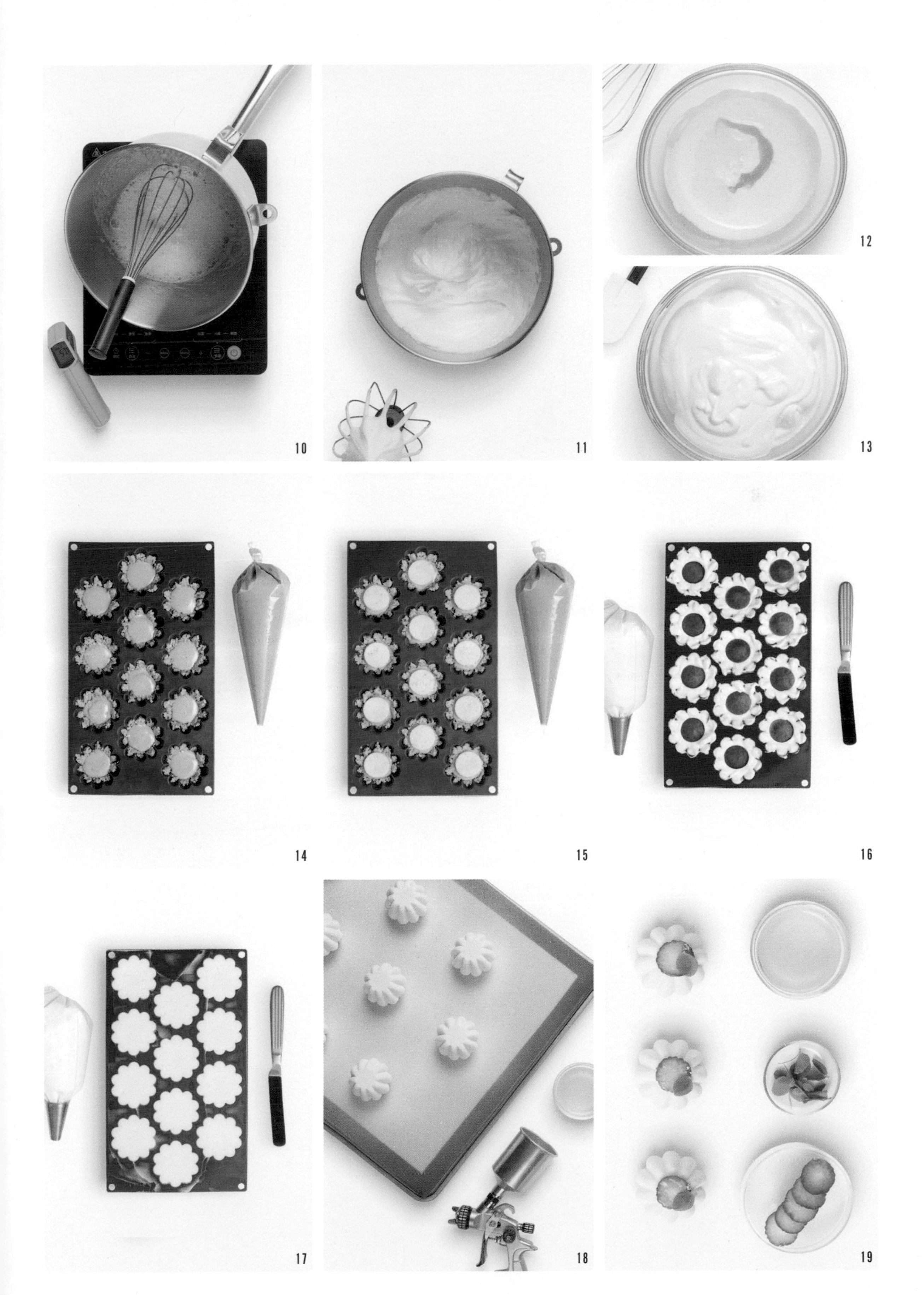
10
11
12
13
14
15
16
17
18
19

芒果甜柿石榴

材料（可製作24個直徑5.5公分、高5公分的成品）

橄欖油瑪德琳比斯基

全蛋　187.5克
細砂糖　375克
王后T55傳統法式麵包粉　375克
泡打粉　18克
全脂牛奶　262.2克
初榨橄欖油　225克
橙皮細屑　2克
香草粉　1克

康寶樂

肯迪雅乳酸發酵奶油　65克
王后T55傳統法式麵包粉　65克
杏仁粉　55克
黃糖　50克
細鹽　1克

重組康寶樂

康寶樂（見上方）　210克
柯氏白巧克力　50克

甜柿果糊

黃糖　38克
NH果膠粉　3.5克
寶茸百香果果泥　113克
寶茸甜柿果泥　100克
甜柿丁　153克
香草莢　1根

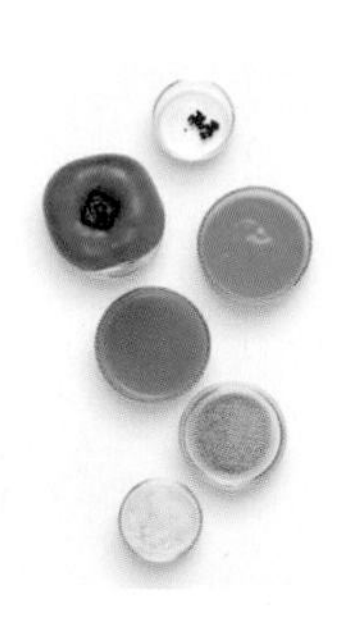

芒果慕斯

配方見P70

石榴果凍慕斯

新鮮石榴汁　150克
石榴糖漿　85克
細砂糖　87克
吉利丁混合物　70克
（或10克200凝固值吉利丁粉+60克泡吉利丁粉的水）
水　290克

裝飾

石榴
巧克力圈
薄荷葉

製作方法

橄欖油瑪德琳比斯基

1 在攪拌機的缸中倒入全蛋、細砂糖、橙皮細屑和香草粉，用打蛋器打發成飄帶狀。慢慢加入全脂牛奶，攪拌均勻。分次慢慢加入過篩的麵包粉和泡打粉，攪拌均勻。慢慢加入橄欖油，攪拌均勻。

2 倒在碗中，用保鮮膜包裹好，放入冰箱冷藏（4℃）至少12小時。使用前用軟刮刀攪拌均勻，倒入鋪有烘焙油布的烤盤上，用彎抹刀抹平整。放入旋風烤箱，180℃烤12～15分鐘，烤好出爐，在表面蓋一張烘焙油布，翻轉過來放在網架上降溫。

康寶樂

3 在攪拌機的缸中放入製作康寶樂的所有材料，用平攪拌槳攪拌至無散粉的麵團。

4 將麵團壓過刨絲器，放入旋風烤箱，150℃烤20～25分鐘，取出避潮保存。

重組康寶樂

5 融化白巧克力至40～45℃，取210克步驟4的康寶樂，一起放入攪拌機的缸內，用平攪拌槳攪拌均勻。在模具的每個凹槽中填入10克重組康寶樂，放入冰箱冷藏（4℃）備用。

甜柿果糊

6 將邊長4公厘（mm）的甜柿丁連同甜柿果泥、百香果果泥和香草籽（把香草莢剖開，刮出香草籽）一起倒入單柄鍋中，加熱至35～40℃。

7 篩入攪拌均勻的NH果膠粉和黃糖，加熱至沸騰，在直徑4公分的瑪芬模具中擠入6克，冷凍備用。

石榴果凍慕斯

8 在單柄鍋中倒入水和細砂糖，加熱至50℃，加入泡好水的吉利丁混合物，攪拌至完全化開。加入石榴糖漿，然後加入鮮榨石榴汁，攪拌均勻後放入盆中，用保鮮膜貼面包裹，放入冰箱冷藏（4℃）12小時。

9 使用前，將其放入攪拌機的缸中，用打蛋器打發至慕斯狀，馬上使用。

組合與裝飾

10 在直徑5公分、高5公分的圓形模具中放入7克重組康寶樂，借助勺子將其壓平整。擠入模具一半高度的芒果慕斯，借助小抹刀將芒果慕斯均勻抹在模具內壁。放入4個切成1公分見方的比斯基。

11 再次擠入芒果慕斯，並用抹刀將其抹至與模具同高。放上冷凍好的甜柿果糊，一起放入-38℃的環境中冷凍，完全冷凍好後取出脫模並放入冰箱冷藏（4℃）2小時。取出後用直徑大致相同、略高的巧克力圈裝飾，中間放幾粒石榴。

12 擠入打發好的石榴果凍慕斯，注意需要將其擠成漂亮的拱形。放入冰箱冷藏（4℃）30分鐘，幫助果凍慕斯定型。在果凍慕斯上放幾片新鮮薄荷葉、新鮮石榴即可。

白蘭地荔枝花

材料（可製作24個直徑5.5公分的成品）

巧克力比斯基

全蛋　306克
轉化糖漿　97.5克
細砂糖　156克
榛子粉　78克
王后T55傳統法式麵包粉　147克
可可粉　22.5克
泡打粉　9克
肯迪雅鮮奶油　147克
柯氏43%牛奶巧克力　78克
可可液塊　15克
肯迪雅乳酸發酵奶油　91.5克

荔枝果醬

寶茸荔枝果泥　225克
細砂糖　20克
NH果膠粉　5克
吉利丁混合物　28克
（或5克200凝固值吉利丁粉+24克泡吉利丁粉的水）
荔枝果肉丁　50克

荔枝奶油

玉米澱粉　5克
水　10克
寶茸荔枝果泥　200克
吉利丁混合物　30.1克
（或4.3克200凝固值吉利丁粉+25.8克泡吉利丁粉的水）

荔枝慕斯

寶茸荔枝果泥　110克
吉利丁混合物　18.2克
（或2.6克200凝固值吉利丁粉+15.6克泡吉利丁粉的水）
柯氏白巧克力　225克
肯迪雅鮮奶油　500克

人頭馬白蘭地打發甘納許

肯迪雅鮮奶油A　183克
吉利丁混合物　21克
（或3克200凝固值吉利丁粉+18克泡吉利丁粉的水）
柯氏白巧克力　97克
肯迪雅鮮奶油B　300克
50%人頭馬白蘭地　50克

裝飾

鏡面果膠（配方見P190）
白色可可脂（配方見P37）
紅色可可脂（配方見P37）

製作方法

荔枝奶油

1. 將荔枝果泥倒入單柄鍋中，加入混合均勻的水和玉米澱粉，攪拌均勻，慢慢加熱升溫至黏稠並沸騰。
2. 加入泡好水的吉利丁混合物，攪拌均勻後倒入盆中，用保鮮膜貼面包裹，放入冰箱冷藏（4℃）至少2小時，使用前攪拌至奶油狀。

荔枝果醬

3. 單柄鍋中放入荔枝果泥，加熱至35～40℃。篩入混合均勻的細砂糖和NH果膠粉，攪拌均勻並加熱至沸騰。
4. 離火，加入泡好水的吉利丁混合物，攪拌均勻後倒入盆中。用保鮮膜貼面包裹，放入冰箱冷藏（4℃）2～3小時。
5. 將步驟4的材料從冰箱取出，用手持均質機攪打細膩，裝入擠花袋，擠入直徑2公分的矽膠模具中，加入荔枝果肉丁，放入冰箱冷凍。

人頭馬白蘭地打發甘納許

6. 在單柄鍋中放入鮮奶油A，加熱至70～80℃，加入泡好水的吉利丁混合物，攪拌至化開，倒在白巧克力上，用均質機均質，加入鮮奶油B，再次均質乳化。加入白蘭地，再次均質乳化後過篩倒入盆中。保鮮膜貼面包裹，放入冰箱冷藏（4℃）12小時備用。

巧克力比斯基

7. 在單柄鍋中放入鮮奶油，加熱至80℃，倒在牛奶巧克力和可可液塊上，使用均質機將其均質乳化，製成甘納許備用。
8. 在調理機中放入全蛋、轉化糖漿、細砂糖、杏仁粉、麵包粉、可可粉和泡打粉，攪打均勻。倒入步驟7的甘納許，攪打均勻，加入融化至50℃的奶油，繼續攪打均勻。
9. 將步驟8的麵糊倒在鋪有烘焙油布的烤盤上，用彎抹刀將其抹平整。放入烤箱，175℃烤12～15分鐘，烤好後在表面蓋一張烘焙油布，翻轉過來放在網架上降溫。

荔枝慕斯

10 將鮮奶油倒入攪拌機的缸中，用打蛋器打發成慕斯狀，放入冰箱冷藏（4℃）備用。

11 在單柄鍋中放入荔枝果泥，加熱至80℃，加入泡好水的吉利丁混合物，攪拌均勻後將其倒在白巧克力上，用均質機將其均質乳化成光亮的甘納許。

12 隔著冰水降溫至30℃後，加入一半步驟10的打發鮮奶油，用打蛋器攪拌均勻。加入步驟10剩下的打發鮮奶油，用軟刮刀輕輕地攪拌均勻，馬上使用。

組合與裝飾

13 步驟5的荔枝果醬凍好後脫模。將荔枝奶油攪打至奶油狀，擠入直徑3公分的矽膠模具中，放入脫模的荔枝果醬，表面抹平後放入急速冷凍機中。

14 在直徑4公分的矽膠模具中擠入荔枝慕斯，放入步驟13冷凍好的荔枝奶油，表面用荔枝慕斯抹平整。

15 切割一片直徑4公分的圓形巧克力比斯基，蓋在步驟14的荔枝慕斯表面，放入急速冷凍機中。

16 凍好後脫模，有比斯基的一面朝下，頂部插上竹籤。

17 將人頭馬白蘭地打發甘納許打發，放入裝有擠花嘴（擠花嘴型號SN7029）的擠花袋中，並將其像玫瑰一樣擠在步驟16脫模的慕斯上，放入急速冷凍機中冷凍1小時。

18 用噴砂機將白色可可脂全面噴在步驟17凍好的成品上。將紅色可可脂局部噴在白色可可脂上。最後噴上一層融化至50℃的鏡面果膠。放入冰箱冷藏（4℃）1小時後取出即可。

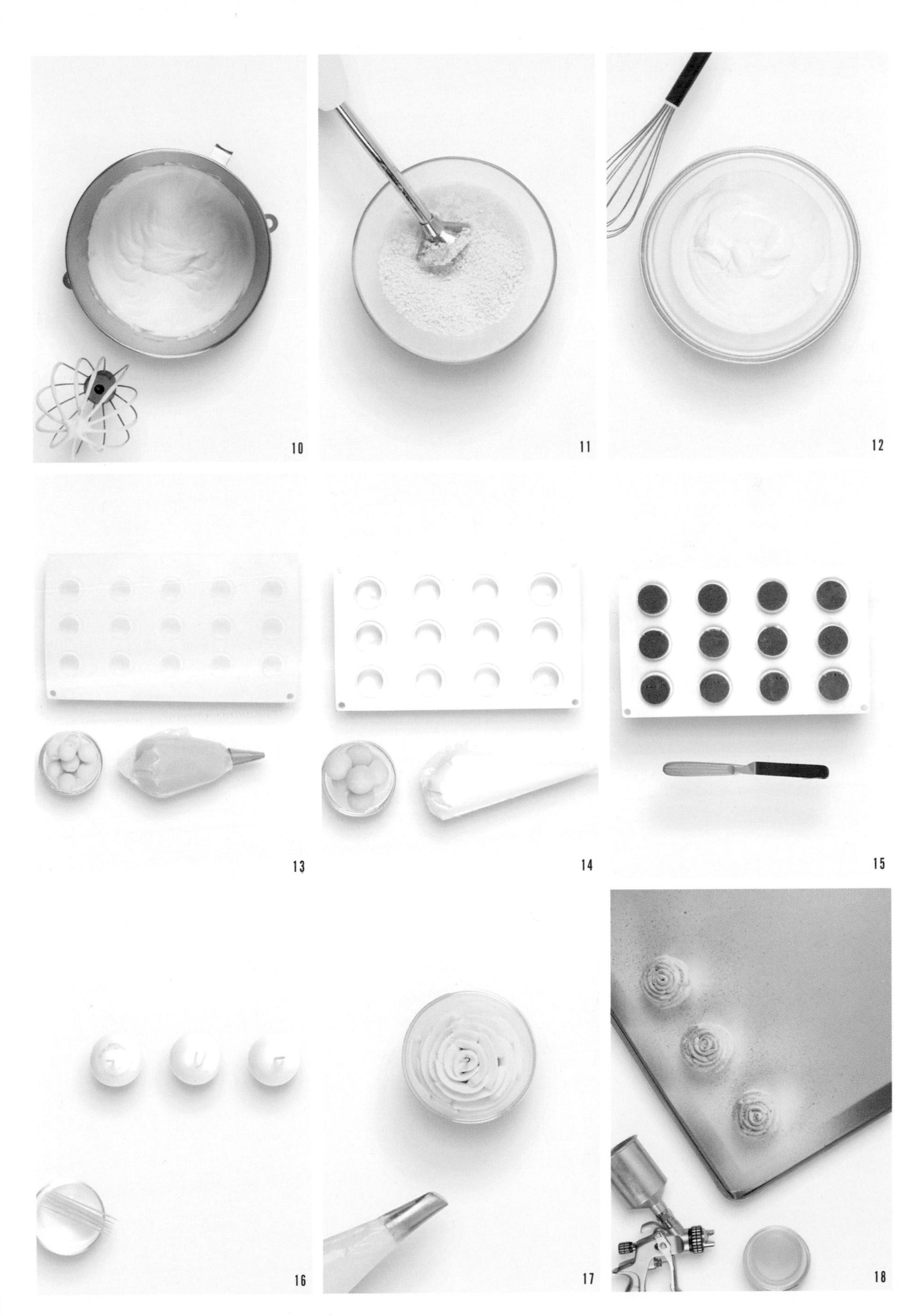
10
11
12
13
14
15
16
17
18

咖啡芒果

材料（可製作24個直徑5.5公分的成品）

濃咖啡康寶樂

肯迪雅乳酸發酵奶油　80克
黃糖　100克
王后T55傳統法式麵包粉　90克
咖啡粉　7.5克
速溶咖啡　2.5克
鹽之花　1克

咖啡奶油霜

全脂牛奶　137克
肯迪雅鮮奶油　38.4克
蛋黃　44.9克
細砂糖　18.6克
吉利丁混合物　15.4克
（或2.2克200凝固值吉利丁粉+13.2克泡吉利丁粉的水）
柯氏43%牛奶巧克力　123.3克
可可脂　32.9克
肯迪雅乳酸發酵奶油　32.9克
速溶咖啡　6.6克

芒果杏仁比斯基

寶茸芒果果泥　475克
葡萄籽油　120克
香草液　5克
50%杏仁膏　475克
王后T45法式糕點專用粉　105克
泡打粉　9克
超細杏仁粉　75克

咖啡奶醬

肯迪雅鮮奶油　400克
咖啡豆　133克
細砂糖　44克
葡萄糖漿　74克
水　9克
速溶咖啡　5克
鹽之花　0.7克
可可脂　7克
肯迪雅乳酸發酵奶油　9克

芒果百香果果糊

黃糖　38克
NH果膠粉　3.5克
寶茸百香果果泥　113克
寶茸芒果果泥　100克
芒果丁　153克
香草莢　1根

咖啡慕斯奶油

咖啡豆　18克
肯迪雅鮮奶油A　140克
吉利丁混合物　21克
（或3克200凝固值吉利丁粉+18克泡吉利丁粉的水）
柯氏白巧克力　100克
肯迪雅鮮奶油B　350克

芒果慕斯

寶茸芒果果泥　324.4克
寶茸百香果果泥　67.6克
吉利丁混合物　67.2克
（或9.6克200凝固值吉利丁粉+57.6克泡吉利丁粉的水）
蛋白　67.6克
細砂糖　67.6克
肯迪雅鮮奶油　364.8克

裝飾芒果果凍

寶茸芒果果泥　234.5克
寶茸百香果果泥　117克
細砂糖　78克
瓊脂粉　4克
吉利丁混合物　15.4克
（或2.2克200凝固值吉利丁粉+13.2克泡吉利丁粉的水）

裝飾

白色可可脂（配方見P37）
鏡面果膠（配方見P190）
巧克力裝飾

製作方法

咖啡奶醬

1 單柄鍋中放入鮮奶油，加熱至沸騰，加入咖啡豆，稍微攪拌。靜置15分鐘後過篩，秤量267克放在單柄鍋中。
2 在單柄鍋中加入葡萄糖漿、細砂糖、鹽之花與混合好的速溶咖啡液，加熱至102～103℃，倒入盆中。
3 加入可可脂和奶油，用手持均質機將混合物均質乳化。用保鮮膜貼面包裹，放入冰箱冷藏（4℃）至少12小時。

芒果杏仁比斯基

4 在調理機內放入50%杏仁膏、芒果果泥和香草液，攪打至沒有杏仁膏顆粒。
5 加入葡萄籽油，再次攪打。加入過篩的杏仁粉、麵粉和泡打粉，攪打1分鐘左右。
6 將攪打好的麵糊倒入鋪有烘焙油布的烤盤上，用彎抹刀抹平整。放入旋風烤箱，150℃烤約25分鐘。烤好後在表面蓋一張烘焙油布，翻轉過來放在網架上降溫。

咖啡奶油霜

7 在單柄鍋中倒入全脂牛奶、鮮奶油、速溶咖啡、細砂糖和蛋黃，用打蛋器攪拌均勻。開火慢慢升溫至煮成英式奶醬（溫度83～85℃），達到溫度後離火，加入泡好水的吉利丁混合物，攪拌均勻。
8 加入可可脂，攪拌至化開後倒在牛奶巧克力上，使用手持均質機將混合物均質乳化。
9 加入奶油，再次均質細膩。倒入盆中，用保鮮膜貼面包裹，放入冰箱冷藏（4℃）備用。

濃咖啡康寶樂

10 將製作濃咖啡康寶樂的所有材料倒入攪拌機的缸中，用平攪拌槳攪拌至麵團出現。將麵團壓過刨絲器。在矽膠可麗露模具的每個凹槽中放入5克康寶樂碎塊，用勺子將其壓至模具內壁，放入旋風烤箱，150℃烤20～25分鐘，避潮保存。

咖啡慕斯奶油

11 在單柄鍋中倒入鮮奶油B，加熱至微沸，關火後加入在塑封袋或擠花袋中敲碎的咖啡豆，靜置約20分鐘。

12 過篩，取140克咖啡味鮮奶油，再次加熱至80℃後加入泡好水的吉利丁混合物。

13 倒在白巧克力上，均質乳化細膩後降溫至28～30℃。

14 加入一半打發的鮮奶油A，攪拌均勻，再加入剩下的打發鮮奶油A，用軟刮刀攪拌均勻，馬上使用並速凍。

芒果百香果果糊

15 芒果洗淨，去皮，切成4公厘（mm）見方的小丁。

16 把香草莢剖開，刮出香草籽。在單柄鍋中放入百香果果泥、芒果果泥和香草籽，加熱至35～40℃。篩入NH果膠粉與黃糖的混合物，用打蛋器攪拌均勻，加熱至沸騰。加入芒果丁，稍微加熱至沸騰。倒入直徑2.5公分的半圓形模具中。

芒果慕斯

17 在攪拌機的缸中放入蛋白和細砂糖，隔熱水將混合物升溫至55～60℃，用打蛋器中速打發，在蛋白霜溫度降至30℃時停止。

18 在另一個攪拌機的缸中放入鮮奶油，用打蛋器打發，放入冰箱冷藏（4℃）備用。

19 把芒果果泥和百香果果泥（溫度均為30℃）倒入碗中，加入融化的吉利丁混合物攪拌。加入步驟17的蛋白霜，用打蛋器攪拌均勻。

20 加入步驟18一半份量的打發鮮奶油，攪拌均勻，再加入步驟18剩下的打發鮮奶油，用軟刮刀攪拌均勻後灌入直徑4公分的半球模具，並在中間放上步驟16凍好的芒果百香果糊，放在-38℃的環境中冷凍。

裝飾芒果果凍

21 在單柄鍋中放入百香果果泥和芒果果泥，融化至常溫，加入細砂糖和瓊脂粉的混合物，然後加熱至沸騰。離火，加入泡好水的吉利丁混合物，攪拌均勻。將果凍倒入放有兩個2公厘（mm）壓克力厚度尺的矽膠墊上（矽膠墊上抹油），製成2公厘（mm）厚。放入冰箱冷藏（4℃）至少1小時後切割出形狀。

組合與裝飾

22 在矽膠可麗露模具中放入濃咖啡康寶樂，靜置放涼。擠入咖啡奶油霜，放入第一片直徑2公分的圓形比斯基。

23 擠入咖啡奶醬，放入第二片直徑3公分的圓形比斯基，再次擠入咖啡奶醬，用彎抹刀抹平整後放入-38℃的環境中冷凍。

24 在另一個矽膠可麗露模具中擠入咖啡慕斯奶油，放入步驟20凍好的半球芒果慕斯，再次擠入咖啡慕斯奶油，抹平整後放入-38℃的環境中冷凍。

25 將步驟23和步驟24的兩部分脫模，平整的一面相對擺放，用溫度為28～30℃的白色可可脂噴砂。

26 融化鏡面果膠至50℃後噴在白色可可脂表面，放入冰箱冷凍1.5～2小時。

27 將切割好的裝飾芒果果凍放上，並擺上巧克力裝飾即可。

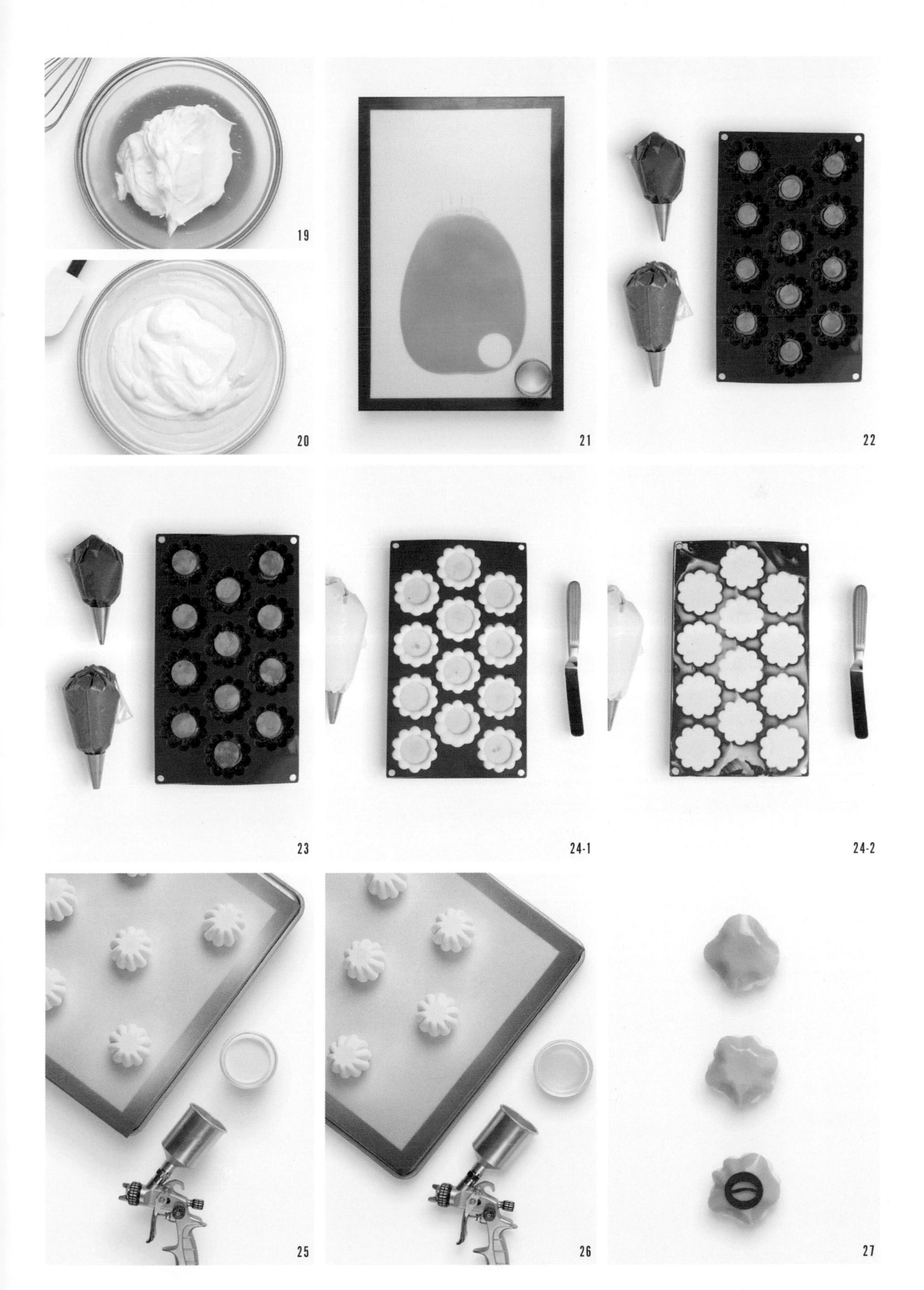
19
20
21
22
23
24-1
24-2
25
26
27

碧根果牛奶巧克力香蕉

材料（可製作24個直徑5公分的成品）

碧根果帕林內

碧根果仁　160克

細砂糖　40克

碧根果康寶樂

肯迪雅乳酸發酵奶油　50克

黃糖　50克

碧根果粉　50克

王后T55傳統法式麵包粉　100克

細鹽　1克

重組康寶樂

柯氏43%牛奶巧克力　40克

可可脂　20克

100%碧根果醬　140克

碧根果康寶樂（見上方）　200克

薄脆　75克

碧根果帕林內（見上方）　40克

細鹽　4克

香蕉牛奶巧克力奶油霜

全脂牛奶　125克

肯迪雅鮮奶油　35克

蛋黃　41克

細砂糖　17克

吉利丁混合物　14克

（或2克200凝固值吉利丁粉+12克泡吉利丁粉的水）

柯氏43%牛奶巧克力　112.5克

可可脂　30克

肯迪雅乳酸發酵奶油　30克

寶茸香蕉果泥　50克

香蕉果凍

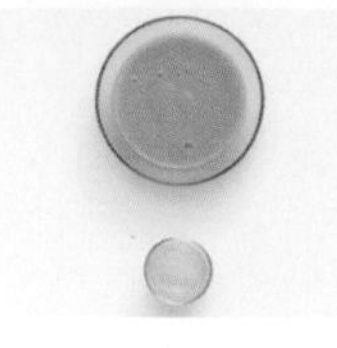

寶茸香蕉果泥　250克

三仙膠　2.5克

牛奶巧克力慕斯

全脂牛奶　81克

肯迪雅鮮奶油A　81克

蛋黃　33克

細砂糖　13克

柯氏43%牛奶巧克力　335克

肯迪雅鮮奶油B　282克

巧克力外殼

柯氏72%黑巧克力　適量

裝飾

可可顏色的可可脂（配方見P37）

薄荷葉

製作方法

香蕉牛奶巧克力奶油霜

1 在單柄鍋中放入全脂牛奶、鮮奶油、細砂糖和蛋黃，攪拌均勻。
2 慢慢加熱煮成英式奶醬（溫度83～85℃），加入泡好水的吉利丁混合物。
3 攪拌均勻後倒在可可脂和牛奶巧克力上，用均質機均質乳化。加入奶油和香蕉果泥，再次均質乳化後倒入盆中，用保鮮膜貼面包裹，放入冰箱冷藏（4℃）結晶12小時。

碧根果帕林內

4 碧根果放在烤盤上，放入旋風烤箱，150℃烤20～25分鐘。在單柄鍋中放入細砂糖，煮成乾焦糖後加入烤好的碧根果，攪拌均勻。倒在矽膠墊上，放涼後倒入調理機的缸中，攪打成細膩的醬。

牛奶巧克力慕斯

5 將鮮奶油B放入攪拌機的缸內，用打蛋器打發成慕斯狀後放入冰箱冷藏（4℃）。
6 在單柄鍋中放入全脂牛奶、鮮奶油A、細砂糖和蛋黃，一起慢慢加熱煮成英式奶醬（溫度83～85℃）。
7 將煮好的醬倒在牛奶巧克力上，用均質機均質後倒入盆中，降溫至30～32℃。
8 加入步驟5的一半打發鮮奶油B，用打蛋器攪拌均勻，再加入步驟5的另外一半打發鮮奶油B，用軟刮刀攪拌均勻，馬上使用。

碧根果康寶樂

9 將製作碧根果康寶樂的所有材料放入攪拌機的缸中，用平攪拌槳攪拌至出現麵團。將麵團壓過刨絲器後放入旋風烤箱內，150℃烤20～25分鐘，出爐後放涼，避潮保存。

1
2
3
4
5
6
7
8
9

重組康寶樂

10 在攪拌缸中加入放涼的碧根果康寶樂、細鹽和薄脆。向融化至45～50℃的牛奶巧克力和可可脂中加入100%碧根果醬和碧根果帕林內，攪拌均勻後倒入攪拌缸的混合物上，用平攪拌槳攪拌均勻。

香蕉果凍

11 將香蕉果泥倒入盆中，加入三仙膠後用均質機均質。用保鮮膜貼面包裹，放入冰箱冷藏（4℃）。

巧克力外殼

12 將黑巧克力調溫，倒入直徑5公分的半圓模具中，做一些直徑5公分的巧克力殼，17℃靜置結晶，12小時後脫模。

13 將直徑3公分的圓形切割模具加熱至45～50℃，把巧克力殼放在半圓形模具上燙出洞，與另一個沒有洞的巧克力黏起來。

14 有洞的一面朝下，淋上調溫黑巧克力。

15 放置凝固後用可可顏色的可可脂噴砂。

組合與裝飾

16 將重組康寶樂稍微弄碎；將香蕉牛奶巧克力奶油霜放入裝有直徑6公厘（mm）擠花嘴的擠花袋中；將香蕉果凍放入擠花袋中；將牛奶巧克力慕斯放入擠花袋中。

17 在巧克力殼中放入弄碎的重組康寶樂，擠入一些香蕉牛奶巧克力奶油霜。

18 像擠泡芙一樣擠入香蕉果凍，然後擠入牛奶巧克力慕斯，放入冰箱冷凍。

19 放入重組康寶樂碎和薄荷葉裝飾即可。

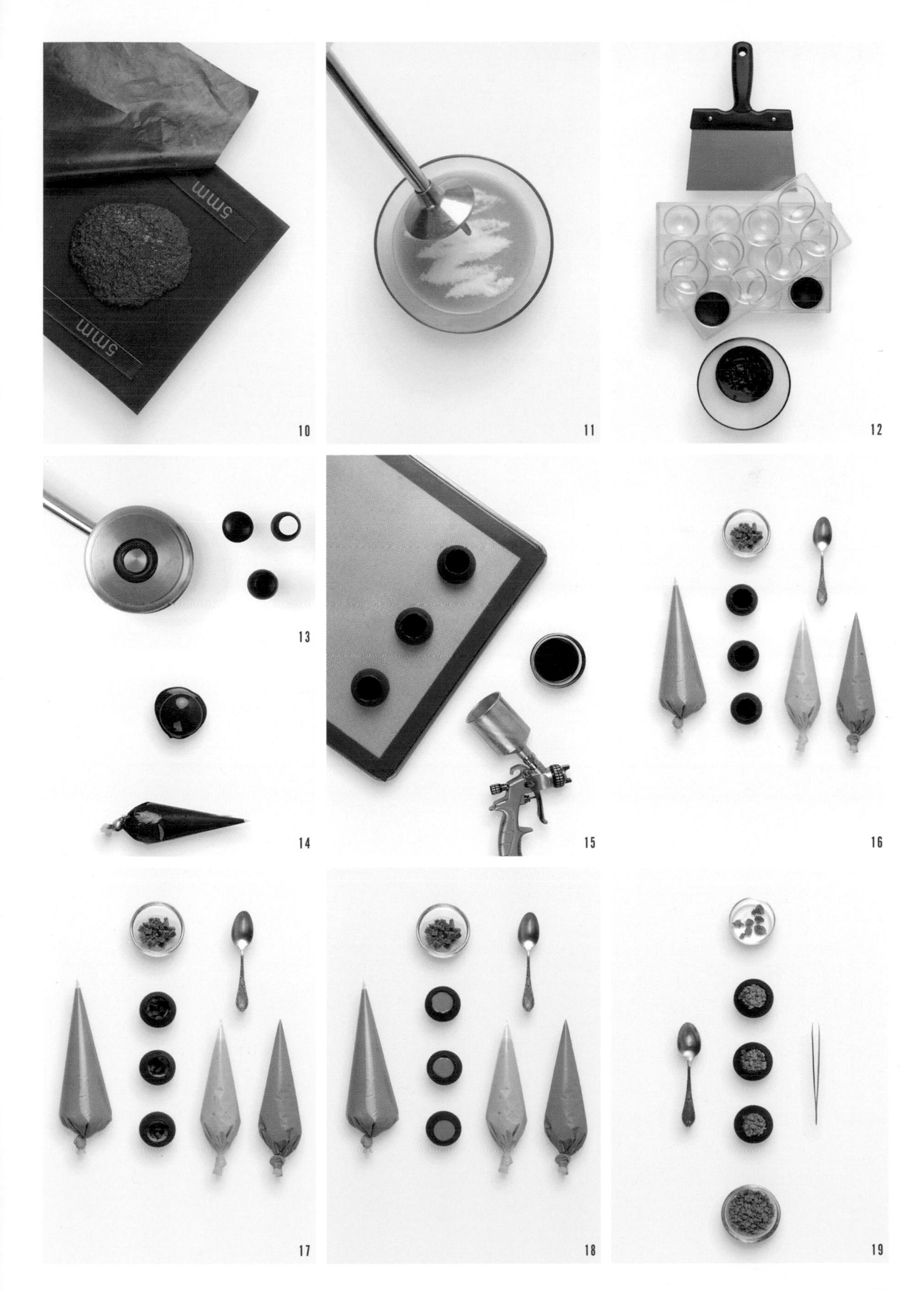
5mm
5mm
10
11
12
13
14
15
16
17
18
19

桂花馬蹄巴黎布雷斯特

材料（可製作6個）

泡芙麵糊

配方見P32

酒釀香草卡士達醬

全脂牛奶　337.5克
肯迪雅鮮奶油　37.5克
香草莢　1/2根
細砂糖　66克
玉米澱粉　30克
蛋黃　66克
肯迪雅乳酸發酵奶油　30克
酒釀　140克

桂花打發甘納許

肯迪雅鮮奶油　353.6克
吉利丁混合物　23.1克
（或3.3克200凝固值吉利丁粉+19.8克泡吉利丁粉的水）
柯氏白巧克力　122克
桂花釀　70克
桂花酒　30克

夾心

馬蹄　適量
桂花釀　適量

裝飾

杏仁碎
乾桂花

製作方法

酒釀香草卡士達醬

1 玉米澱粉過篩，加入細砂糖，使用打蛋器攪拌均勻；加入蛋黃，再次拌勻。全脂牛奶、鮮奶油、香草籽及取籽後的香草莢殼放入單柄鍋中，煮沸，沖入攪拌好的蛋黃澱粉糊，邊倒邊攪拌。倒回單柄鍋，中火煮至濃稠，冒大泡，不停攪拌，使其均勻受熱。
2 加入奶油，攪拌均勻後用保鮮膜貼面包裹，放入冰箱冷藏凝固後過篩。
3 加入酒釀，翻拌均勻。

桂花打發甘納許

4 單柄鍋中加入鮮奶油，加熱至80℃，離火，加入泡好水的吉利丁混合物，攪拌至化開。沖入白巧克力中，用均質機均質。
5 加入桂花釀、桂花酒，用刮刀拌勻。用保鮮膜貼面包裹，放入冰箱冷藏至少8小時。

泡芙製作

6 烤盤墊上帶孔烤墊，用直徑4公分和直徑8公分的刻模蘸上糖粉，在烤墊上留下印記。將提前做好的泡芙麵糊裝入帶有18齒擠花嘴的擠花袋中，擠出環形泡芙。

組合與裝飾

7 泡芙表面撒上杏仁碎，將多餘的堅果抖出；放入烤箱，上火180℃，下火160℃，烤35分鐘。烤好後取出，用鋸齒刀切開。
8 上半部分用直徑3公分和直徑7公分的刻模刻出形狀。冷卻後的桂花打發甘納許放入攪拌機中，用打蛋器中高速攪打至八分發。
9 馬蹄去皮，切成大小一致的小丁；桂花打發甘納許裝入帶有12齒擠花嘴的擠花袋中；桂花釀裝入擠花袋中；酒釀香草卡士達醬裝入帶有直徑1公分擠花嘴的擠花袋中。
10 泡芙殼中擠入酒釀香草卡士達醬，放上馬蹄丁，擠上桂花釀，使用彎柄抹刀抹平整。
11 擠上桂花打發甘納許。
12 放上步驟8刻好的泡芙殼；裝飾乾桂花即可。

碧根果榛子泡芙

材料

碧根果帕林內
碧根果仁　270克
細砂糖　180克
細鹽　0.5克

榛子蛋白霜
蛋白　125克
細砂糖　65克
糖粉　130克
榛子粉　40克
玉米澱粉　5克

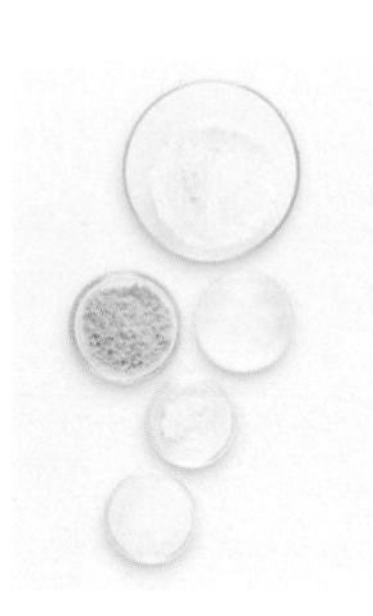

原味酥皮
配方見P30

泡芙麵糊
配方見P32

基礎卡士達醬
全脂牛奶　562克
香草莢　1根
細砂糖　87克
蛋黃　141克
玉米澱粉　55克
可可脂　55克

碧根果帕林內奶油
基礎卡士達醬（見上方） 550克
碧根果帕林內（見左側） 150克
肯迪雅乳酸發酵奶油　250克

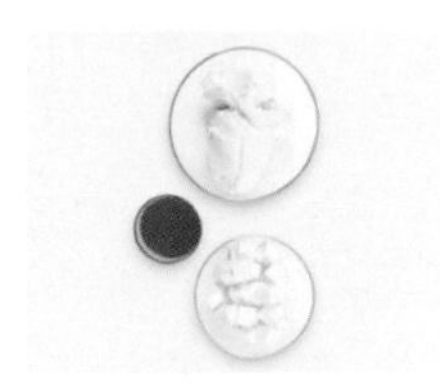

泡沫巧克力飾件
柯氏70%黑巧克力　325克
可可脂　175克
大豆卵磷脂粉　10克

裝飾
可可顏色的可可脂（配方見P37）

製作方法

泡沫巧克力飾件

1 將可可脂加熱至60℃，使其化開，加入大豆卵磷脂粉，用均質機攪打均勻。加入加熱至60℃的黑巧克力，再次均質後倒入量杯中。
2 在步驟1的混合物中放入氧氣泵，開機打泡，打到有足夠的氣泡後放入冰箱冷凍。
3 等氣泡凝固後取出切割出形狀。

基礎卡士達醬

4 在盆中攪拌玉米澱粉和細砂糖，加入蛋黃和100克冷的全脂牛奶。
5 將剩下的全脂牛奶倒入鍋中，加入香草籽（將香草莢剖開，刮出香草籽），加熱至沸騰。
6 向步驟4的材料中倒入一半步驟5的熱牛奶，攪拌均勻，倒回步驟5盛有牛奶的鍋中回煮，慢慢加熱至澱粉糊化，混合物沸騰。
7 離火，加入可可脂，用打蛋器攪拌均勻後倒入碗中。用保鮮膜貼面包裹，放入冰箱冷藏（4℃）備用。

碧根果帕林內奶油

8 基礎卡士達醬放入攪拌機的缸中，加入碧根果帕林內（做法參照P34的60%榛子帕林內），攪拌均勻。
9 加入軟化後的奶油，攪拌均勻後馬上使用。

榛子蛋白霜

10 榛子粉放入旋風烤箱中，150℃烤約20分鐘。在攪拌機的缸中倒入蛋白和細砂糖，用打蛋器中速打發至乾性發泡狀態，加入過篩的糖粉、榛子粉和玉米澱粉，攪拌均勻。
11 將步驟10的蛋白霜放入裝有直徑12公厘（mm）擠花嘴的擠花袋中，擠入鋪有烘焙油布的烤盤上。放入旋風烤箱，130℃烤約1小時，取出後避潮保存。

組合與裝飾

12 泡芙麵糊放入裝有直徑1公分圓形擠花嘴的擠花袋中，在鋪有烘焙油布的烤盤上擠出直徑3公分的泡芙，蓋上直徑4公分的原味酥皮，放入烤箱，上火180℃，下火170℃，烤35分鐘後取出冷卻。將碧根果帕林內奶油放入擠花袋中；用圓形擠花嘴將泡芙戳洞；榛子蛋白霜切塊。將碧根果帕林內奶油擠入泡芙中。
13 將碧根果帕林內奶油用扁擠花嘴旋轉擠滿泡芙表面。
14 在表面擺上泡沫巧克力飾件和榛子蛋白霜，噴上噴砂（可可顏色的可可脂）即可。

1
2
3
4
5
6
7
8
9
10
11
12
13
14

巧克力椰香泡芙

材料（可製作24個直徑5.5公分的成品）

泡芙麵糊

配方見P32

可可酥皮

配方見P31

基礎巧克力卡士達醬

全脂牛奶　225克
肯迪雅鮮奶油　25克
香草莢　1根
細砂糖　37.5克
蛋黃　50克
玉米澱粉　25克
可可液塊　40克
肯迪雅乳酸發酵奶油　25克

巧克力輕奶油

基礎巧克力卡士達醬
（見上方） 200克
細鹽　0.3克
肯迪雅鮮奶油　100克

椰子打發甘納許

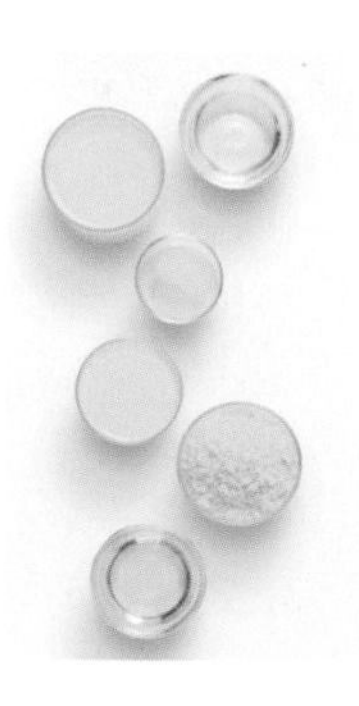

肯迪雅鮮奶油A　140克
吉利丁混合物　21克
（或3克200凝固值吉利丁粉+18
克泡吉利丁粉的水）
柯氏白巧克力　100克
肯迪雅鮮奶油B　350克
馬利寶椰子酒　35克

巧克力淋面

柯氏55%黑巧克力　500克
柯氏43%牛奶巧克力　115克
葡萄籽油　85克

鬆軟椰香青檸

椰蓉　110克
細砂糖　110克
寶茸椰子果泥　56克
馬利寶椰子酒　56克
青檸檬皮屑　2克

裝飾

黑色鏡面淋面（配方見P36）
椰蓉

製作方法

鬆軟椰香青檸

1 在單柄鍋中放入細砂糖和椰子果泥，加熱至沸騰，確保細砂糖全部化開並與椰子果泥融合成糖漿。加入馬利寶椰子酒和青檸檬皮屑，攪拌均勻。
2 加入椰蓉，攪拌均勻。
3 攪拌均勻後倒入碗中，用保鮮膜貼面包裹，放入冰箱冷藏（4℃）保存。

基礎巧克力卡士達醬

4 把香草莢剖開，刮出香草籽。在單柄鍋中放入全脂牛奶和香草籽，加熱至沸騰。在盆中放入玉米澱粉和細砂糖，攪拌均勻後加入鮮奶油和蛋黃，倒入一半單柄鍋中的熱牛奶，攪拌均勻後倒回鍋中。
5 慢慢加熱升溫直至澱粉變黏稠，此時卡士達醬應該沸騰。離火，加入奶油和可可液塊，用打蛋器攪拌乳化。
6 倒在盆中，放入急速冷凍機中快速降溫，用保鮮膜貼面包裹，放入冰箱冷藏（4℃）保存。

巧克力輕奶油

7 在攪拌機的缸中放入鮮奶油和細鹽，打發成慕斯狀後放入冰箱冷藏（4℃）備用。將秤好的基礎巧克力卡士達醬過篩，用打蛋器攪拌均勻。往基礎巧克力卡士達醬中加入1/4的打發鮮奶油，用打蛋器攪拌均勻。
8 加入剩下的打發鮮奶油，用軟刮刀翻拌均勻。
9 倒入盆中，用保鮮膜貼面包裹，放入冰箱冷藏（4℃）備用。

1
2
3
4
5
6
7
8
9

椰子打發甘納許

10 在單柄鍋中放入鮮奶油A，加熱至70～80℃，加入泡好水的吉利丁混合物，攪拌至化開。

11 倒在白巧克力上並均質。加入鮮奶油B，均質乳化至細膩。

12 加入馬利寶椰子酒，再次均質乳化。將混合物倒入盆中，用保鮮膜貼面包裹，放入冰箱冷藏（4℃）12小時。

13 冷藏好後取出一半的量，打發至需要的質地，用擠花袋擠入直徑2.5公分的圓形矽膠模具中，放入-38℃的環境中凍硬。

巧克力淋面

14 將黑巧克力和牛奶巧克力加熱至45～50℃，使其化開，將兩種巧克力攪拌均勻。加入葡萄籽油，攪拌均勻後，溫度降至34～35℃，製成巧克力淋面備用。將步驟13凍好的椰子打發甘納許脫模後插上牙籤，拿著牙籤將其蘸滿巧克力淋面。

組合與裝飾

15 可可泡芙麵糊放入裝有直徑1公分圓形擠花嘴的擠花袋中，在鋪有烘焙油布的烤盤上擠出直徑3公分的泡芙，蓋上直徑4公分的可可酥皮，放入烤箱，上火180℃，下火170℃，烤35分鐘後取出冷卻。用圓形擠花嘴將泡芙戳洞；將黑色鏡面淋面加熱至28～30℃，使其化開，然後淋在包有巧克力淋面的椰子打發甘納許小球上，放入-18℃的環境中冷凍備用；將巧克力輕奶油放入擠花袋中，將步驟13剩餘的全部椰子打發甘納許打發到需要的質地，裝入擠花袋。將巧克力輕奶油擠入泡芙內。

16 在擠入巧克力輕奶油的洞口放一些鬆軟椰香青檸。

17 在泡芙表面擠一坨椰子打發甘納許，用水果挖球勺壓出一個凹槽。

18 在上面撒椰蓉，最後放上步驟15準備好的小球即可。

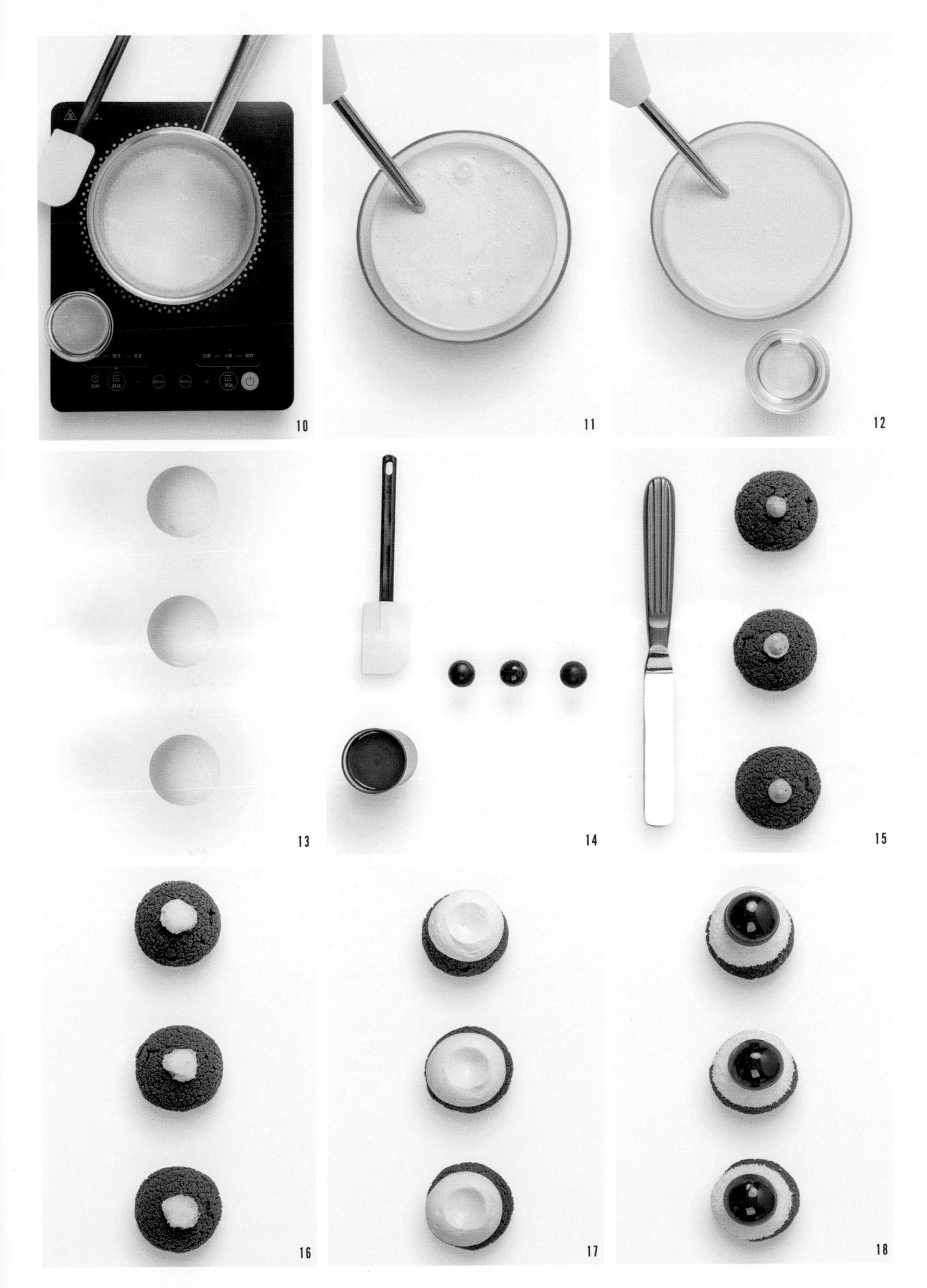
10
11
12
13
14
15
16
17
18

咖啡榛子泡芙

材料（可製作24個直徑5.5公分的成品）

60%帕林內打發甘納許

水　225克

0%脫脂奶粉　40克

吉利丁混合物　21克

（或3克200凝固值吉利丁粉+18克泡吉利丁粉的水）

60%榛子帕林內（配方見P34）　270克

可可脂　110克

巴氏蛋白　130克

肯迪雅鮮奶油　225克

咖啡打發甘納許

肯迪雅鮮奶油A　140克

咖啡豆　18克

吉利丁混合物　21克

（或3克200凝固值吉利丁粉+18克泡吉利丁粉的水）

柯氏白巧克力　100克

肯迪雅鮮奶油B　350克

可可泡芙麵糊

配方見P33

可可酥皮

配方見P31

裝飾

60%榛子帕林內（配方見P34）

切碎的烘烤榛子

製作方法

小貼士

每一步都需要均質乳化，這非常重要，因為部分材料的油脂相對含量比較高，如果乳化工作沒有做好就會導致無法打發的情況出現。

60%帕林內打發甘納許

1 在單柄鍋中放入水和0%脫脂奶粉，加熱至70～80℃，離火，加入泡好水的吉利丁混合物，攪拌均勻。

2 加入可可脂，並使用均質機乳化；加入60%榛子帕林內後均質；加入冷的鮮奶油和巴氏蛋白，再次均質。將混合物通過細粉篩或過濾布倒入盆中，用保鮮膜貼面包裹，放入冰箱冷藏（4℃）至少12小時。

咖啡打發甘納許

3 在單柄鍋中放入鮮奶油A，加熱至80℃，加入敲碎的咖啡豆，靜置約20分鐘後過篩，並將鮮奶油A的重量補齊，將補齊重量的鮮奶油加熱至80℃。

4 加入泡好水的吉利丁混合物，攪拌均勻後倒在白巧克力上並均質；加入4℃的鮮奶油B，均質乳化。將混合物過篩倒入盆中，用保鮮膜貼面包裹，放入冰箱冷藏（4℃）至少12小時。

泡芙

5 將可可泡芙麵糊放入裝有直徑1公分擠花嘴的擠花袋中，擠成直徑3公分的圓形。

6 在泡芙麵糊表面放上直徑4公分的可可酥皮。放入烤箱，上火180℃，下火170℃，開風口，烤25～30分鐘。然後將烤箱門打開，用同樣的溫度再烘烤5～10分鐘（此步驟起到進一步乾燥泡芙的作用）。

組合與裝飾

7 用擠花嘴將泡芙底部戳三個洞；將60%帕林內打發甘納許打發放入裝有直徑8公厘（mm）擠花嘴的擠花袋中；借助打蛋器打發咖啡甘納許，放入裝有直徑12公厘（mm）擠花嘴的擠花袋中；準備一個小擠花袋的60%榛子帕林內。

8 往泡芙裡面擠入60%帕林內打發甘納許，並用彎抹刀抹平表面。

9 將咖啡打發甘納許像小球一樣擠在可可酥皮上，借助勺子在擠好的咖啡打發甘納許上壓出一個凹槽。將60%榛子帕林內擠入壓好的凹槽內。

10 將切碎的烘烤榛子擺在咖啡打發甘納許上即可。

2
1
3
4
5
6
7
8
9
10

芒果百香果閃電泡芙

材料（可製作10個）

百香果芒果奶油醬

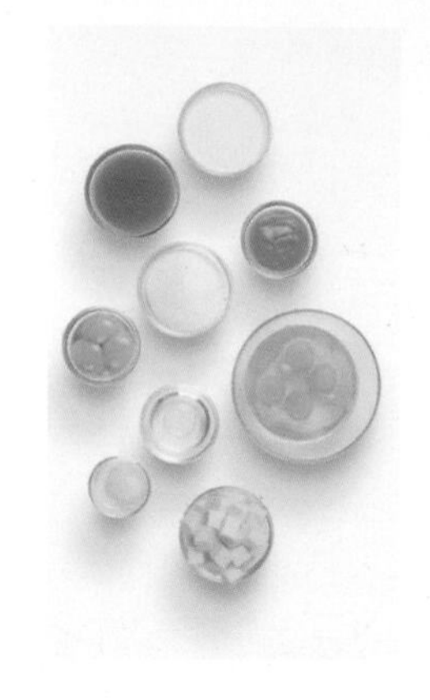

全脂牛奶　100克
寶茸百香果果泥　100克
寶茸芒果果泥　50克
細砂糖　90克
全蛋　200克
蛋黃　50克
吉利丁混合物　28克
（或4克200凝固值吉利丁粉+
24克泡吉利丁粉的水）
肯迪雅乳酸發酵奶油　125克

百香果芒果果凍

寶茸百香果果泥　150克
寶茸芒果果泥　120克
細砂糖　105克
NH果膠粉　7克
吉利丁混合物　42克
（或6克200凝固值吉利丁粉+
36克泡吉利丁粉的水）
青檸檬汁　5克

椰子打發甘納許

肯迪雅鮮奶油A　200克
葡萄糖漿　26克
吉利丁混合物　42克
（或6克200凝固值吉利丁粉+
36克泡吉利丁粉的水）
柯氏白巧克力　160克
肯迪雅鮮奶油B　300克
寶茸椰子果泥　200克
椰子酒　60克

泡芙麵糊

配方見P32

裝飾

芒果丁
青檸檬皮
百香果籽
巧克力片

製作方法

百香果芒果奶油醬

1 盆中加入全蛋、蛋黃和細砂糖，用打蛋器攪拌均勻。單柄鍋中加入全脂牛奶、百香果果泥和芒果果泥，煮沸後沖入攪拌均勻的蛋液中，其間使用打蛋器邊倒邊攪拌，使其均勻受熱。

2 將步驟1的混合物倒回單柄鍋，用小火煮至82～84℃。離火，加入泡好水的吉利丁混合物，攪拌均勻，降溫至45℃左右。加入軟化至膏狀的奶油，用均質機均質。用保鮮膜貼面包裹，放入冷藏冰箱降溫凝固備用。

百香果芒果果凍

3 單柄鍋中加入百香果果泥和芒果果泥，加熱至45℃左右。加入混合均勻的細砂糖和NH果膠粉，邊倒邊使用打蛋器攪拌，直至煮沸。

4 離火，加入泡好水的吉利丁混合物，攪拌至化開。加入青檸檬汁，混合均勻。用保鮮膜貼面包裹，放入冰箱冷藏冷卻。

椰子打發甘納許

5 單柄鍋中加入鮮奶油A和葡萄糖漿，加熱至80℃。離火，加入泡好水的吉利丁混合物，攪拌至化開。沖入裝有白巧克力的盆中，用均質機均質。

6 加入鮮奶油B，均質。加入椰子果泥和椰子酒，均質。用保鮮膜貼面包裹，放入冰箱冷藏（4℃）8小時後使用。

組合與裝飾

7 將泡芙麵糊裝入帶有16齒擠花嘴的擠花袋中；烤盤上墊帶孔烤墊，製作泡芙麵糊，長度12公分。表面均勻地噴上脫模油，防止開裂。放入平爐烤箱烤箱，上火160℃，下火170℃，烤35分鐘。

8 椰子打發甘納許打發至八分發，裝入帶有直徑1公分擠花嘴的擠花袋中；百香果芒果奶油醬攪拌順滑，裝入擠花袋中；百香果芒果果凍攪拌順滑，裝入擠花袋中；新鮮芒果切成正方形小塊；青檸檬削皮。

9 在步驟7烤好的泡芙中擠入百香果芒果奶油醬；放入芒果丁和百香果籽。

10 再次填入百香果芒果奶油醬，用彎柄抹刀抹平整；放上巧克力片；擠入椰子打發甘納許；擠入百香果芒果果凍；最後放上青檸檬皮裝飾即可。

焦糖咖啡閃電泡芙

材料（可製作10個）

焦糖奶油醬

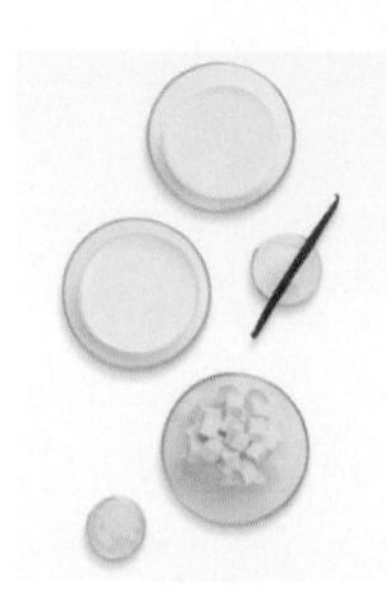

細砂糖　180克
香草莢　1根
肯迪雅乳酸發酵奶油　20克
肯迪雅鮮奶油　180克
海鹽　3克

咖啡卡士達醬

全脂牛奶　229克
咖啡豆　28克
蛋黃　26克
細砂糖　24克
玉米澱粉　13克
吉利丁混合物　8.4克
（或1.2克200凝固值吉利丁粉+7.2克泡吉利丁粉的水）
肯迪雅乳酸發酵奶油　70克

黑巧克力淋面

水　56克
細砂糖　113克
葡萄糖漿　113克
吉利丁混合物　52.5克
（或7.5克200凝固值吉利丁粉+45克泡吉利丁粉的水）
柯氏71%黑巧克力（曼哥羅）　113克
甜煉乳　75克

裝飾

50%杏仁膏
咖啡豆
鏡面果膠（配方見P190）

製作方法

焦糖奶油醬

1 單柄鍋中加入細砂糖、香草籽及取籽後的香草莢，中小火加熱至180℃，熬成焦糖；加入軟化至膏狀的奶油，用刮刀拌勻。

2 另一隻單柄鍋中加入鮮奶油和海鹽，加熱至80℃後倒入步驟1的混合物中，其間使用刮刀持續攪拌。再次煮沸，用保鮮膜貼面包裹，放在室溫下冷卻，使用前取出香草莢。

黑巧克力淋面

3 單柄鍋中加入水、細砂糖和葡萄糖漿，加熱至103℃。關火，加入泡好水的吉利丁混合物，攪拌均勻。沖入裝有黑巧克力的盆中，用均質機均質。

4 加入甜煉乳，均質。用保鮮膜貼面包裹，放入冰箱冷藏（4℃）凝固。

咖啡卡士達醬

5 全脂牛奶煮沸，加入敲碎的咖啡豆，蓋上蓋子燜15分鐘。過篩出咖啡豆渣，補齊全脂牛奶重量至229克，煮沸。

6 細砂糖加入蛋黃和過篩後的玉米澱粉，攪拌均勻。沖入步驟5煮沸的咖啡牛奶，其間使用打蛋器邊倒邊攪拌，使其均勻受熱。倒回單柄鍋中，煮至濃稠冒大泡。離火，加入泡好水的吉利丁混合物，攪拌至化開；加入奶油，攪勻均勻。用保鮮膜貼面包裹，放入冰箱冷藏（4℃）凝固。

組合與裝飾

7 50%杏仁膏放在兩張油布中間，用擀麵棍擀至1公厘（mm）厚，放入冰箱冷凍。取出用長13公分的環形刻模刻出形狀，放入冰箱冷凍備用。

8 咖啡卡士達醬攪拌順滑，裝入擠花袋中；焦糖奶油醬裝入擠花袋中；黑巧克力淋面回溫至26℃左右，放入盆中。

9 閃電泡芙底部用工具戳三個洞，先往泡芙內部擠入攪拌順滑的咖啡卡士達醬，再擠入焦糖奶油醬。

10 泡芙表面刷一層鏡面果膠；放上50%杏仁膏環形片，貼緊閃電泡芙；表面蘸上黑巧克力淋面；放上咖啡豆裝飾即可。

青檸檬羅勒閃電泡芙

材料（可製作20個）

青檸檬羅勒奶油醬

鮮榨青檸檬汁　120克
黃檸檬皮屑　1個量
細砂糖　145克
全蛋　150克
吉利丁混合物　14克
（或2克200凝固值吉利丁粉+12克泡吉利丁的水）
肯迪雅乳酸發酵奶油　220克
新鮮羅勒葉　3克

甜瓜果凍

寶茸甜瓜果泥　254克
葡萄糖漿　20克
細砂糖　40克
NH果膠粉　10克
鮮榨黃檸檬汁　10克

酸奶乳酪香緹奶油

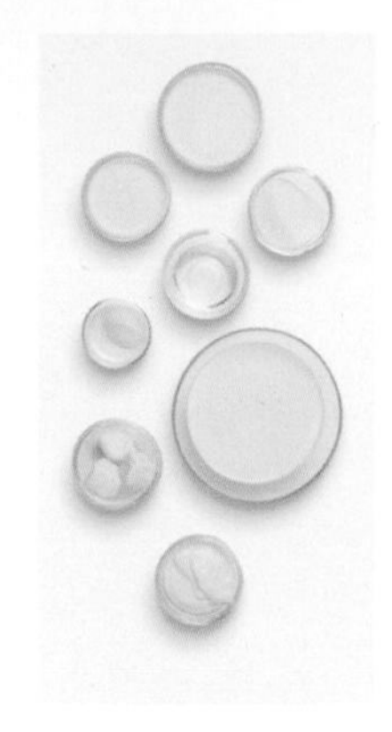

全脂牛奶　48克
肯迪雅鮮奶油A　80克
細砂糖　32克
吉利丁混合物　21克
（或3克200凝固值吉利丁粉+18克泡吉利丁粉的水）
肯迪雅奶油乳酪　40克
酸奶　48克
肯迪雅鮮奶油B　250克

斑斕乳酪香緹奶油

全脂牛奶　48克
肯迪雅鮮奶油A　80克
細砂糖　32克
吉利丁混合物　21克
（或3克200凝固值吉利丁粉+18克泡吉利丁粉的水）
肯迪雅奶油乳酪　40克
斑斕粉　9克
肯迪雅鮮奶油B　250克

裝飾

新鮮羅勒葉

製作方法

青檸檬羅勒奶油醬

1 全蛋加細砂糖攪拌均勻。單柄鍋中加入鮮榨青檸檬汁、黃檸檬皮屑，煮沸，沖入攪拌均勻的蛋液中，其間使用打蛋器邊倒邊攪拌，使其均勻受熱。
2 倒回單柄鍋中，小火加熱至82～85℃。離火，加入泡好水的吉利丁混合物，攪拌至化開。降溫至45℃左右，加入軟化至膏狀的奶油和新鮮羅勒葉，用均質機均質。過篩，用保鮮膜貼面包裹，放入冷藏冰箱冷卻凝固。

甜瓜果凍

3 單柄鍋中加入甜瓜果泥和葡萄糖漿，加熱至45℃左右。加入混合均勻的細砂糖和NH果膠粉，邊倒邊攪拌。煮沸後離火，加入鮮榨黃檸檬汁，攪拌均勻。用保鮮膜貼面包裹，放入冰箱冷藏（4℃）冷卻。

酸奶乳酪香緹奶油

4 單柄鍋中加入全脂牛奶、鮮奶油A和細砂糖，煮沸。離火，加入泡好水的吉利丁混合物，攪拌至化開。沖入裝有奶油乳酪和酸奶的盆中，用均質機均質。
5 加入鮮奶油B，均質。用保鮮膜貼面包裹，放入冰箱冷藏（4℃）8小時後使用。

斑斕乳酪香緹奶油

6 單柄鍋中加入全脂牛奶、鮮奶油A和細砂糖，煮沸。離火，加入泡好水的吉利丁混合物，攪拌至化開。沖入裝有奶油乳酪和斑斕粉的盆中，用均質機均質。
7 加入鮮奶油B，均質。用保鮮膜貼面包裹，放入冰箱冷藏（4℃）8小時後使用。

組合與裝飾

8 酸奶乳酪香緹奶油中高速攪打至八分發；斑斕乳酪香緹奶油中高速攪打至八分發。將兩種香緹奶油一邊一半裝入帶有直徑1.8公分圓形擠花嘴的擠花袋中；甜瓜果凍用打蛋器攪拌順滑，裝入擠花袋中；青檸檬羅勒奶油醬用刮刀攪拌順滑，裝入擠花袋中。
9 泡芙中擠入青檸檬羅勒奶油醬。擠入甜瓜果凍，用彎柄抹刀抹平整。
10 以畫圈的方式擠上香緹奶油，放上新鮮的羅勒葉裝飾即可。

1
2
3
4
5
6
7
8
9
10

香草芭樂抹茶慕斯

材料（可製作2個）

抹茶比斯基

杏仁粉　152克
糖粉　200克
玉米澱粉　34克
蛋白A　174克
蛋黃　24克
蛋白B　166克
細砂糖　100克
抹茶粉　18克
王后T45法式糕點粉　76克
肯迪雅乳酸發酵奶油　200克

草莓樹莓果凍

寶茸草莓果泥　35克
寶茸樹莓果泥　35克
水　102克
細砂糖A　30克
葡萄糖漿　10克
細砂糖B　16克
NH果膠粉　3克
吉利丁混合物28克
（或4克200凝固值吉利丁粉+24克泡吉利丁粉的水　）
鮮榨檸檬汁　6克

粉淋面

水　56克
細砂糖　113克
葡萄糖漿　113克
吉利丁混合物　52.5克
（或7.5克200凝固值吉利丁粉+
45克泡吉利丁粉的水）
柯氏白巧克力　113克
甜煉乳　75克
油溶性紅色色素　適量
油溶性白色色素　適量

樹莓果凍

寶茸樹莓果泥　146克
樹莓顆粒　50克
葡萄糖漿　22.8克
細砂糖　45克
325NH95果膠粉　3.8克
鮮榨檸檬汁　15.5克

芭樂慕斯

寶茸芭樂果泥　240克
寶茸鳳梨果泥　80克
蛋黃　25克
細砂糖　37克
吉利丁混合物　42克
（或6克200凝固值吉利丁粉+36克泡吉利丁粉的水）
肯迪雅鮮奶油　185克

香草慕斯

肯迪雅鮮奶油A　75克
香草莢　1/2根
蛋黃　20克
細砂糖　20克
吉利丁混合物　17.5克
（或2.5克200凝固值吉利丁粉+
15克泡吉利丁粉的水）
肯迪雅鮮奶油B　300克

裝飾

巧克力飾件
新鮮樹莓

製作方法

小貼士

如何判斷比斯基已烤熟？

透過觀察口看比斯基表面，若已結皮，之後打開烤箱門，用手指觸摸表面，麵糊不黏手指；最後，輕輕按壓比斯基，若會回彈，即可出爐。

抹茶比斯基

1 將杏仁粉、糖粉和玉米澱粉過篩，加入裝有蛋白A和蛋黃的攪拌缸中，使用打蛋器高速打發至顏色變白，體積膨脹。

2 蛋白B和細砂糖放入攪拌缸中，使用打蛋器中高速打發至中性發泡，呈鷹鉤狀。打發好的蛋白霜加入步驟1的缸中，用刮刀翻拌均勻。加入過篩後的糕點粉和抹茶粉，用刮刀翻拌均勻。

3 取一小部分步驟2的麵糊，加入融化至45℃左右的奶油中，用打蛋器攪拌均勻後倒回至大部分麵糊中，用刮刀翻拌均勻。烤盤上墊烘焙油布，倒入麵糊，用彎柄抹刀抹平整；旋風烤箱180℃，烤8分鐘，熱風2分鐘。出爐後，立即轉移至網架上，表面蓋一張油布，保持濕潤。

樹莓果凍

4 單柄鍋中加入樹莓果泥和樹莓顆粒，加熱至45℃左右。將細砂糖和325NH95果膠粉混合均勻後加入單柄鍋中，邊倒邊用打蛋器攪拌。繼續加熱至煮沸，其間使用打蛋器持續攪拌，加入鮮榨檸檬汁拌勻。

草莓樹莓果凍

5 單柄鍋中加入草莓果泥、樹莓果泥、水、細砂糖A、葡萄糖漿，加熱至45℃左右。倒入提前混合均勻的細砂糖B和NH果膠粉，邊倒邊攪拌，攪拌至均勻無顆粒。加熱至整體冒泡，其間使用打蛋器攪拌，使其均勻受熱。

6 離火，加入泡好水的吉利丁混合物，攪拌至化開。加入鮮榨檸檬汁，攪拌均勻。倒入直徑13.8公分的「蚊香盤」矽膠模具中，放入速凍冰箱冷卻凝固。

芭樂慕斯

7 蛋黃加入細砂糖，用打蛋器攪拌均勻。芭樂果泥、鳳梨果泥加入單柄鍋中，煮沸後沖入攪拌均勻的蛋黃液中。

8 將步驟7的混合物倒回單柄鍋，小火加熱至82～85℃殺菌。過篩，加入泡好水的吉利丁混合物，攪拌至化開，降溫至30℃。

9 鮮奶油攪打至五分發；將打發好的鮮奶油加入步驟8的混合物中，用刮刀翻拌均勻。

1
2
3
4
5
6
7
8
9

香草慕斯

10 把香草莢剖開，刮出香草籽。蛋黃加入細砂糖，用打蛋器攪拌均勻。 鮮奶油A和香草籽加入單柄鍋中，煮沸後沖入攪拌均勻的蛋黃液中，其間用打蛋器持續攪拌，防止蛋黃結塊。

11 倒回單柄鍋，小火加熱至82～85℃殺菌。過篩，加入泡好水的吉利丁混合物，攪拌至化開，降溫至28℃左右。加入攪打至五分發的鮮奶油B，用刮刀翻拌均勻。

粉淋面

12 水、細砂糖、葡萄糖漿加入單柄鍋中，煮至103℃。

13 離火，加入吉利丁混合物，攪拌至化開。

14 沖入裝有白巧克力和甜煉乳的盆中，用均質機均質。加入色素，均質好後用保鮮膜貼面包裹，冷藏隔夜備用。

組合與裝飾

15 抹茶比斯基用直徑12公分的模具刻出形狀。

16 直徑12公分的模具包上保鮮膜，內壁圍上高4公分的圍邊紙，圍邊紙上薄薄地噴一層酒精，使其與模具貼得更牢。填入175克芭樂慕斯，表面修平整，冷凍凝固。

17 將步驟16的慕斯取出，填入55克樹莓果凍，冷凍凝固。放上步驟15刻好的抹茶比斯基。

18 直徑14公分的模具包上保鮮膜，內壁圍上高5公分的圍邊紙，圍邊紙上薄薄地噴一層酒精，使其與模具貼得更牢，擠入一半香草慕斯。用彎柄抹刀將慕斯糊均勻刮上模具邊。撕開步驟17的保鮮膜，脫模，撕開圍邊紙；抹茶比斯基朝上放在香草慕斯上，底部修平整。

19 烤盤上墊保鮮膜，放上直徑10公分的慕斯圈；粉淋面回溫至32℃左右。放上步驟18的慕斯，淋上粉淋面。使用彎柄抹刀轉移慕斯至蛋糕底托上。圍上巧克力飾件，放上草莓樹莓果凍。放上新鮮樹莓裝飾，點綴上粉淋面即可。

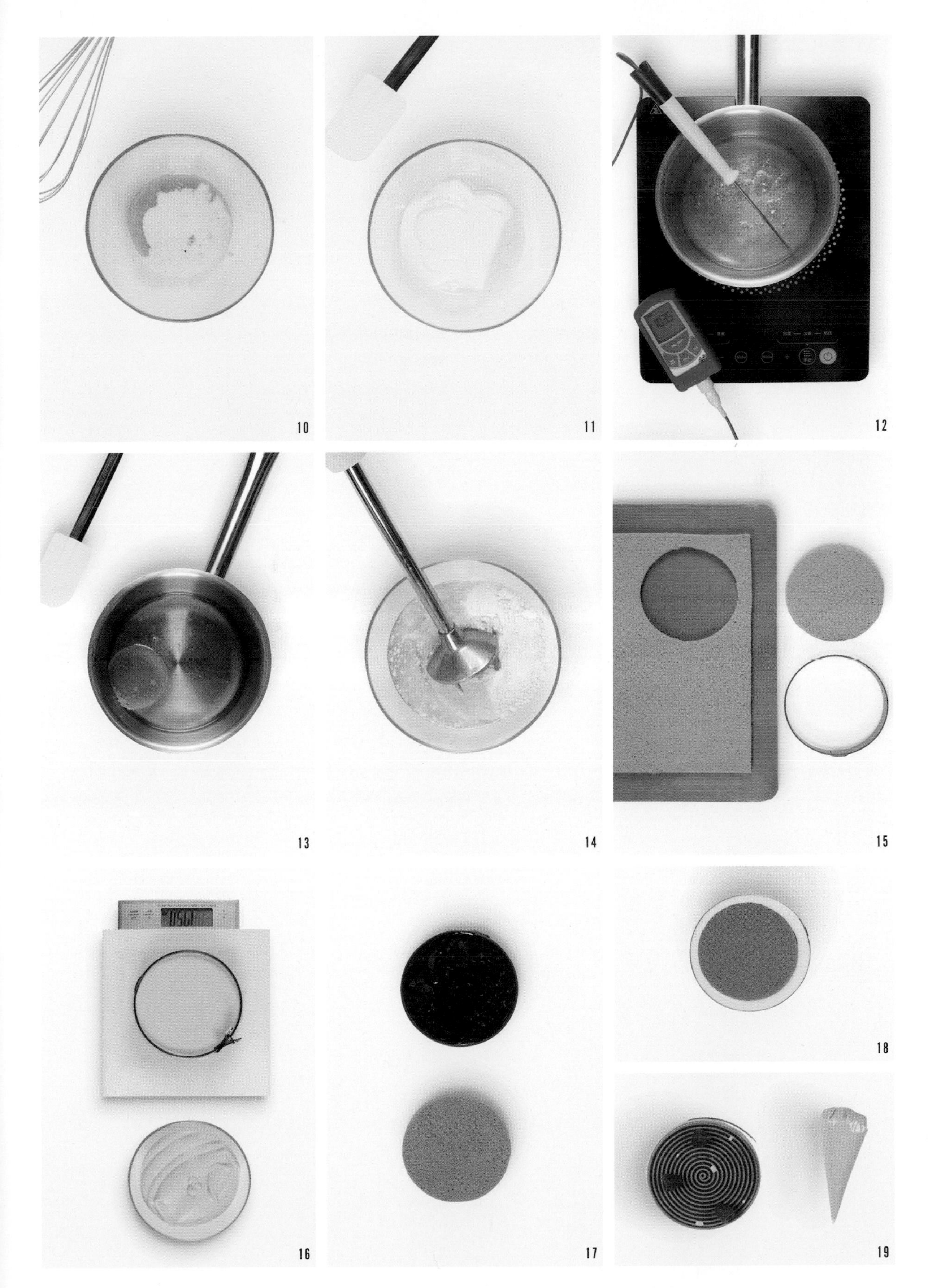
10
11
12
13
14
15
16
17
18
19

鳳梨百香果

材料（可製作10個）

百香果鳳梨果醬

新鮮鳳梨丁　250克
香草莢　1/2根
水　75克
細砂糖A　70克
寶茸鳳梨果泥　50克
寶茸百香果果泥　30克
細砂糖B　35克
325NH95果膠粉　5克

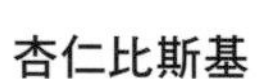

杏仁比斯基

全蛋　194克
蛋黃　70.5克
細砂糖A　114.5克
杏仁粉　189.4克
蛋白　160克
細鹽　1.4克
細砂糖B　80克
王后T45法式糕點粉　58.4克
肯迪雅乳酸發酵奶油　126.4克

奶油酥粒

肯迪雅乳酸發酵奶油　50克
細砂糖　54克
海鹽　0.3克
杏仁粉　54克
王后T45法式糕點粉　66克

重組酥粒

肯迪雅乳酸發酵奶油　12克
奶油酥粒　70克
薄脆　15克
青檸檬皮屑　1個量

香草椰子青檸打發甘納許

肯迪雅鮮奶油　292.5克
香草莢　1/2根
全脂牛奶　75克
青檸檬皮屑　1個
吉利丁混合物　10.5克
（或1.5克200凝固值吉利丁粉+9克泡吉利丁粉的水）
柯氏白巧克力　280.5克
寶茸椰子果泥　112.5克

裝飾

柯氏白巧克力片
白色可可脂（配方見P37）

製作方法

百香果鳳梨果醬

1 把香草莢剖開，刮出香草籽。細砂糖A、香草籽和香草莢放入單柄鍋中，小火熬成焦糖。新鮮鳳梨去除芯的部分，果肉部分切成大小均勻的方塊，分次加入單柄鍋中，攪拌均勻。加入水，中火煮沸。轉小火，熬至水分蒸發，鳳梨果肉變軟；加入鳳梨果泥和百香果果泥。

2 加熱至45℃左右，將細砂糖B和325NH95果膠粉混合，攪拌均勻後倒入鍋內，邊倒邊攪拌，中小火煮沸。取出香草莢，用勺子趁熱灌入直徑4公分的半圓形矽膠模具中，灌平整，放入冰箱凍硬。

杏仁比斯基

3 全蛋、蛋黃、細砂糖A和過篩後的杏仁粉放入攪拌缸中，用打蛋器高速攪打至顏色發白，體積膨脹。

4 蛋白、細鹽、細砂糖B放入另一個攪拌缸中，用打蛋器中速打發至中性發泡，呈堅挺的鷹鉤狀。加入步驟3的混合物中，用刮刀翻拌均勻。

5 加入過篩後的糕點粉，用刮刀翻拌均勻。取一小部分麵糊，加入奶油（奶油溫度為45℃左右）中，用打蛋器迅速攪拌均勻。然後倒回至大部分麵糊中，用刮刀翻拌均勻。

6 倒在墊有烘焙油布的烤盤上，用彎柄抹刀抹平整。旋風烤箱180℃烤8分鐘，熱風吹3分鐘。出爐後轉移至網架上，表面蓋上一張油布。

奶油酥粒

7 把奶油切成大小均勻的丁。將製作奶油酥粒的所有材料放入攪拌缸中，用平攪拌槳低速攪拌均勻。將麵團倒在乾淨的桌面上，用圓形刮板碾壓麵團，至麵團材料混合均勻。

8 用刨絲器刨出大小均勻的顆粒，放入冰箱凍硬；旋風烤箱150℃烤20分鐘。

重組酥粒

9 奶油融化，加入奶油酥粒和青檸檬皮屑，用刮刀翻拌均勻。在直徑3公分的模具中放入4～5克，按壓平整，放入冰箱冷凍。

1
2
3
4
5
6
7
8
9

香草椰子青檸打發甘納許

10 全脂牛奶煮沸，加入青檸檬皮屑，蓋上蓋子，燜5分鐘。過篩出青檸檬皮屑。

11 加入鮮奶油、香草籽（把香草莢剖開，刮出香草籽），加熱至80℃。加入泡好水的吉利丁混合物，攪拌至化開。沖入白巧克力中，用均質機均質。加入椰子果泥，再次用均質機均質。用保鮮膜貼面包裹，放入冰箱冷藏（4℃）至少12小時後使用。

組合與裝飾

12 杏仁比斯基用直徑3公分的模具刻出形狀。

13 香草椰子青檸打發甘納許放入攪拌缸中，用打蛋器中高速打發至方便使用的質地。準備8連雞蛋矽膠慕斯模具，將香草椰子青檸打發甘納許灌入至模具一半高度。用彎柄抹刀將模具內壁抹上香草椰子青檸打發甘納許。放入百香果鳳梨果醬。

14 擠上少量香草椰子青檸打發甘納許，放入杏仁比斯基。

15 擠上少量打發甘納許，放入重組酥粒，抹平整，放入冰箱凍硬。

16 將錫箔紙揉皺。把步驟15的慕斯脫模，放在錫箔紙上，擠上打發甘納許。包上錫箔紙，放入冰箱凍硬。

17 脫模後，用噴槍均勻噴上一層白色可可脂噴砂。

18 將慕斯放在蛋糕架上，放入冰箱冷藏解凍。最後放上白巧克力片裝飾即可。

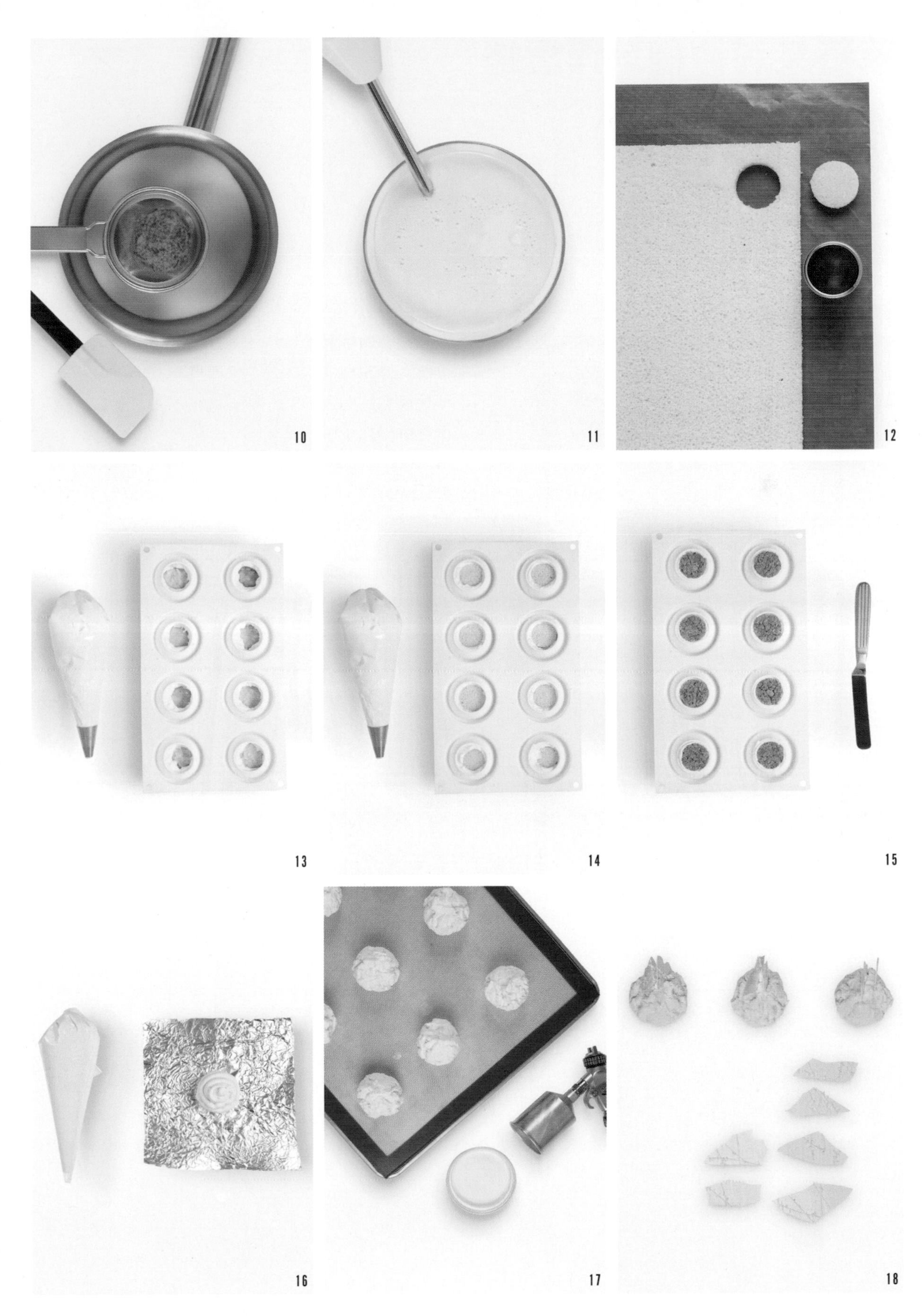
10
11
12
13
14
15
16
17
18

草莓茉莉檸檬草浮雲捲

材料（可製作20個）

浮雲捲蛋糕體

全脂牛奶　560克
肯迪雅乳酸發酵奶油　90克
海鹽　2.6克
蛋黃　173克
細砂糖A　70克
王后T45法式糕點粉　90克
蛋白　270克
細砂糖B　100克

檸檬草浸漬草莓

草莓　800克
細砂糖　280克
海藻糖　120克
檸檬草　1/2根
鮮榨黃檸檬汁　20克

茉莉卡士達醬

全脂牛奶　220克
茉莉花茶　10克
細砂糖A　28克
蛋黃　55克
細砂糖B　22克
玉米澱粉　22克
可可脂　13克

茉莉輕奶油

茉莉卡士達醬（見左側）200克
肯迪雅鮮奶油　200克

檸檬草打發甘納許

肯迪雅鮮奶油　200克
檸檬草　1根
黃檸檬皮屑　1/2個量
葡萄糖漿　12克
柯氏白巧克力　45克

裝飾

白色可可脂（配方見P37）
鏡面果膠（配方見P190）
草莓
胡椒木

製作方法

浮雲捲蛋糕體

1 蛋黃加入細砂糖A，打發至顏色發白，體積膨脹；加入過篩後的糕點粉，用打蛋器攪拌均勻。全脂牛奶、奶油和海鹽加入單柄鍋中，煮沸，沖入攪拌好的混合物中，邊倒邊攪拌；過篩，保持溫度45℃左右，製成蛋黃糊。
2 蛋白加入細砂糖B，中高速打發至中性發泡，呈堅挺的鷹鉤狀。往步驟1的蛋黃糊中加入一半打發好的蛋白霜，翻拌均勻後，加入剩餘的蛋白霜，再次翻拌均勻。
3 倒入墊有烘焙油布和蛋糕框的烤盤上，用彎柄抹刀抹平整。入平爐烤箱，上火180℃，下火160℃，烤25分鐘。出爐後，震出熱氣，使用工具分離蛋糕體和蛋糕框，之後將蛋糕捲轉移至網架上。

檸檬草浸漬草莓

4 新鮮草莓洗淨，去蒂切半，加入檸檬草、細砂糖和海藻糖拌勻；放入冰箱冷藏糖漬一個晚上。
5 倒入單柄鍋中，中火煮沸；用篩網將表面的浮沫撈出。加入鮮榨黃檸檬汁，轉小火熬製成醬狀，用保鮮膜貼面包裹，放入冷藏冰箱。

茉莉卡士達醬

6 全脂牛奶加熱至80℃，加入茉莉花茶，蓋上蓋子燜10分鐘。過濾出茉莉花茶，補齊全脂牛奶重量至220克。加入細砂糖A，煮沸。
7 細砂糖B加入玉米澱粉，用打蛋器攪拌均勻；加入蛋黃，再次攪拌均勻。把步驟6的液體沖入，邊倒邊攪拌。將混合物倒回單柄鍋中，熬煮至濃稠冒大泡，其間使用打蛋器不停地攪拌。離火，加入可可脂，攪拌均勻後用保鮮膜貼面包裹，放入冰箱冷藏（4℃）。

檸檬草打發甘納許

8 鮮奶油煮沸，加入切段的檸檬草和黃檸檬皮屑，燜15分鐘。過篩出檸檬草和黃檸檬皮屑，補齊鮮奶油重量至200克，加入葡萄糖漿煮沸。
9 沖入白巧克力中，均質後用保鮮膜貼面包裹，放入冰箱冷藏（4℃）8小時。

茉莉輕奶油

10 鮮奶油攪打至九分發。茉莉卡士達醬用打蛋器攪拌順滑；將打發好的鮮奶油加入茉莉卡士達醬中，攪拌均勻。

組合與裝飾

11 檸檬草浸漬草莓裝入擠花袋中；茉莉輕奶油裝入擠花袋中；浮雲捲蛋糕體切成長26.5公分、寬16.5公分，長邊使用鋸齒刀斜切。

12 切好的蛋糕捲放在油紙上；取適量茉莉輕奶油，抹平整。在蛋糕捲的1/3處擠上45克檸檬草浸漬草莓。

13 用85克茉莉輕奶油固定住檸檬草浸漬草莓，並用彎柄抹刀抹均勻。

14 擀麵棍放在油紙下面，將多餘的油紙捲在擀麵棍上。提起擀麵棍，輕壓蛋糕捲，使蛋糕捲貼緊夾餡。

15 繼續提起擀麵棍，往前捲，用擀麵棍捲緊蛋糕捲，將蛋糕捲放在烤盤上，放入冰箱冷藏（4℃）1小時定型。將蛋糕捲邊緣去掉，用鋸齒刀垂直切配成寬5公分的小段。切好的蛋糕捲放在烤盤上，放入冰箱冷凍1小時；將白色可可脂均勻噴砂（保持30～35℃）在蛋糕捲表面。

16 檸檬草打發甘納許攪打至八分發，裝入帶有直徑1.8公分擠花嘴的擠花袋中；草莓洗淨切片；胡椒木洗淨。

17 在蛋糕捲上先擠入檸檬草打發甘納許，再擠入檸檬草浸漬草莓。

18 放上刷有一層鏡面果膠的新鮮草莓片，放上胡椒木裝飾即可。

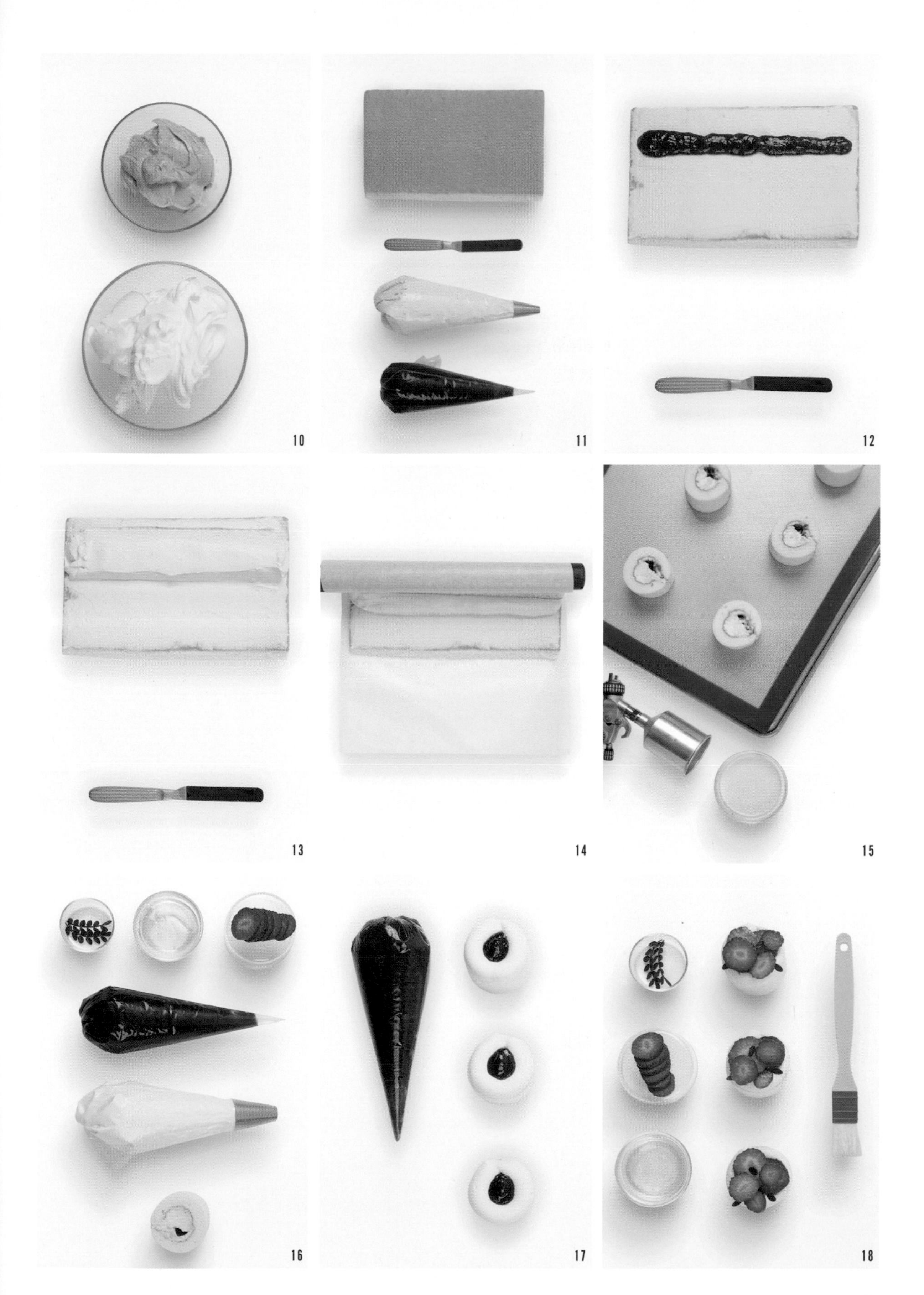
10
11
12
13
14
15
16
17
18

紅漿果帕芙諾娃

材料（可製作8個）

蛋白霜

蛋白　100克

細砂糖　180克

檸檬酸　1克

海鹽　1克

紅漿果果醬

草莓　600克

樹莓　250克

細砂糖　350克

海藻糖　100克

鮮榨黃檸檬汁　30克

柑曼怡香緹奶油

肯迪雅鮮奶油　600克

馬斯卡彭乳酪　40克

酸奶　30克

細砂糖　36克

柑曼怡酒　15克

裝飾

草莓

桑葚

藍莓

樹莓

紫蘇葉

製作方法

蛋白霜

1 將製作蛋白霜的所有材料放入攪拌缸中，隔水加熱至45～55℃。高速打發至中性發泡，呈堅挺的鷹鉤狀。將其中一部分裝入擠花袋，用剪刀斜剪。

2 烤盤鋪上烤盤油布，直徑10公分的模具蘸上糖粉，在油布上做出印記。依照印記擠上蛋白霜。

3 另取一份蛋白霜，倒入裝有直徑1公分擠花嘴的擠花袋中，在步驟2的中間空白處擠上蛋白霜。放入旋風烤箱，80℃烤3小時。

紅漿果果醬

4 新鮮草莓洗淨去蒂，對半切開。草莓、樹莓、細砂糖和海藻糖放入容器中拌勻，放入冷藏冰箱，糖漬一晚。倒入單柄鍋中，煮沸，撇去浮沫。

5 加入檸檬汁，小火熬至濃稠，用保鮮膜貼面包裹，放入冰箱冷藏（4℃）。

柑曼怡香緹奶油

6 將製作柑曼怡香緹奶油的所有材料放入攪拌缸中，攪打至九分發。

組合與裝飾

7 將步驟3烤好的蛋白霜取出，準備好裝飾材料。在蛋白霜的圓圈部分填入紅漿果果醬。

8 填入柑曼怡香緹奶油。

9 擺上新鮮草莓、樹莓、藍莓、桑葚和紫蘇葉裝飾即可。

分享型慕斯

香梨桂花

材料（可製作3個直徑14公分、高4.5公分的成品）

杏仁沙布列
配方見P190

重組沙布列
杏仁沙布列（見上方） 157.9克
60%榛子帕林內 21.1克
柯氏白巧克力 42.1克
可可脂 8.8克
鹽之花 0.2克

桂花鬆軟比斯基
糖粉 318.8克
杏仁粉 318.8克
桂花粉 10.6克
玉米澱粉 26.6克
蛋白A 79.7克
全蛋 318.8克
肯迪雅乳酸發酵奶油 186克
蛋白B 100克
細砂糖 39.8克

威廉姆酒漬梨子
配方見P48

梨子果醬
配方見P48

桂花芭芭露奶油霜
全脂牛奶 237.5克
蛋黃 54克
細砂糖 46.5克
吉利丁混合物 52.5克
（或7.5克200凝固值吉利丁粉+45克泡吉利丁粉的水）
桂花 9克
肯迪雅鮮奶油 335.5克

梨子淋面
寶茸梨子果泥 65克
無糖梨子果汁 390克
全脂牛奶 26克
水 143克
葡萄糖漿 143克
NH果膠粉 13克
細砂糖 143克
吉利丁混合物 28克
（或4克200凝固值吉利丁粉+24克泡吉利丁粉的水）
黃色水溶色粉 少許

裝飾
黃白色巧克力圈
梨子形狀的巧克力飾件

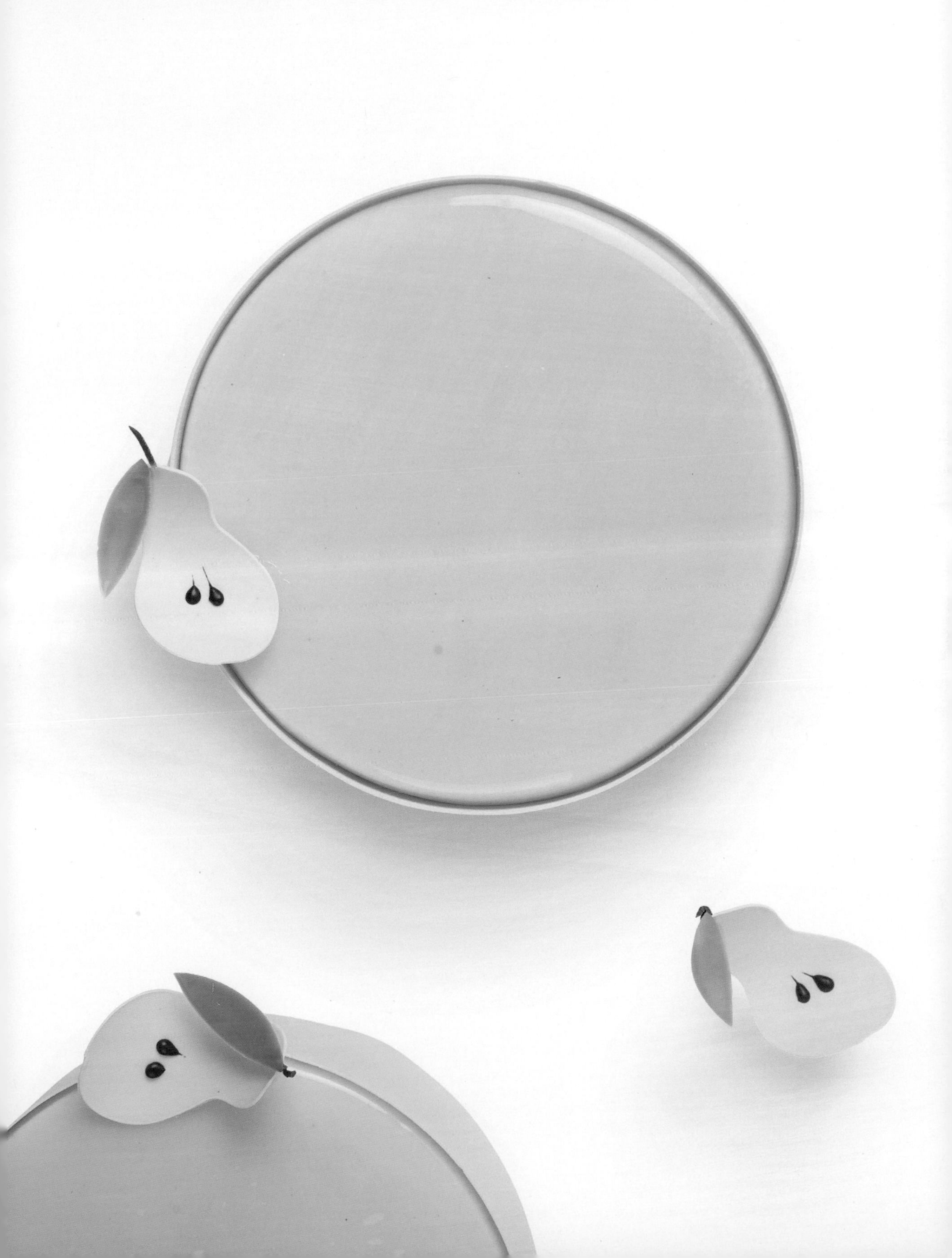

製作方法

桂花鬆軟比斯基

1. 在調理機的缸中倒入蛋白A、全蛋、玉米澱粉、桂花粉、杏仁粉和糖粉，攪打至均勻無顆粒。
2. 在攪拌機的缸中加入蛋白B和細砂糖，用打蛋器中速打發成軟質地的蛋白霜狀態。
3. 將融化至50℃的奶油倒入步驟1的缸中，再次攪打均勻後倒入盆中，分次加入步驟2攪打好的蛋白霜，混合攪拌均勻。
4. 倒在放有烘焙油布的烤盤內，用彎抹刀抹平整後放入烤箱。
5. 170℃烤約15分鐘，烤好後蓋上一張烘焙油布並翻轉放在網架上。

重組沙布列

6. 融化白巧克力和可可脂，加入60%榛子帕林內，用軟刮刀攪拌均勻後倒入攪拌機的缸中，再加入烤好的杏仁沙布列和鹽之花，用平攪拌槳慢速攪拌至所有乾性材料被包裹。在直徑12公分的圓形模具中放入75克，壓平整，放入冰箱冷凍備用。

桂花芭芭露奶油霜

7. 攪拌機的缸中放入鮮奶油，用打蛋器打發成慕斯狀後放入冰箱冷藏（4℃）備用。
8. 在單柄鍋中倒入全脂牛奶，加熱至沸騰後加入桂花，靜置4分鐘後取237.5克，加入蛋黃和細砂糖。煮成英式奶醬（溫度83～85℃），加入泡好水的吉利丁混合物， 用手持均質機將混合物均質至細膩無顆粒後降溫至28～30℃。
9. 加入一半的步驟7的打發鮮奶油，用打蛋器攪拌均勻，盛入盆中，加入步驟7剩下的打發鮮奶油，用軟刮刀拌勻。

1
2
3
4
5
6
7
8
9

梨子淋面

10 在單柄鍋中倒入無糖梨子果汁、梨子果泥、葡萄糖漿、水和全脂牛奶，加熱至35～40℃，離火，加入過篩後的NH果膠粉和細砂糖，加熱至沸騰。加入泡好水的吉利丁混合物，攪拌至化開。

11 加入少許黃色水溶色粉，使用手持均質機攪打。過篩倒入盆中，用保鮮膜貼面包裹，放入冰箱冷藏（4℃）至少12小時。使用時，需將淋面融化至26～28℃，並將其使用在-18℃的產品表面。

組合與裝飾

12 切割出兩片直徑12公分的圓形桂花鬆軟比斯基；將威廉姆酒漬梨子濾水備用；將梨子果醬均質，加入威廉姆啤梨酒後再次均質並放入擠花袋中；準備一片重組沙布列。

13 在直徑12公分的慕斯圈中放入一片圓形桂花鬆軟比斯基，比斯基表面加入100克梨子果醬，用勺子放入濾水後的威廉姆酒漬梨子。

14 小心地放上第二片圓形比斯基，然後將此夾心部分放入-38℃的環境中冷凍。

15 準備一個直徑14公分、高4.5公分的圓形慕斯圈，在底部平整地包裹保鮮膜。在模具中倒入150克桂花芭芭露奶油霜，將步驟14凍好的夾心取出脫模後放入中間。再次加入桂花芭芭露奶油霜，覆蓋住夾心並抹平整。

16 在表面放上重組沙布列，放入急速冷凍機中。

17 將凍好後的慕斯取出，脫模後放入冰箱冷凍保存。把淋面融化至26～28℃，將其淋在慕斯表面，再借助彎抹刀抹去多餘的部分。

18 放上黃白色巧克力圈和梨子形狀的巧克力飾件即可。

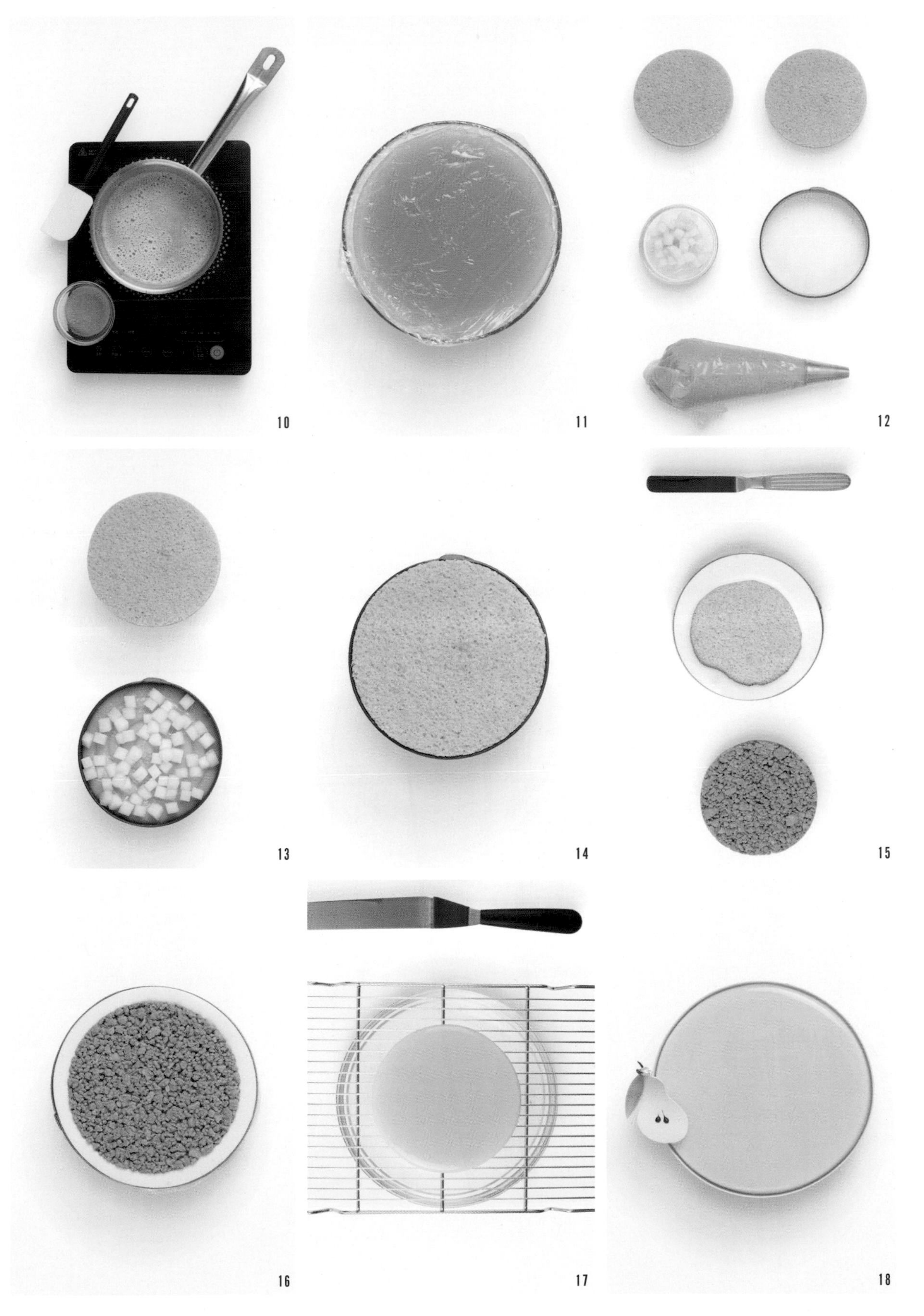
10
11
12
13
14
15
16
17
18

黑森林

材料（可製作3個直徑14公分的成品）

櫻桃可可比斯基
蛋黃　200克
轉化糖漿　60克
蛋白　300克
細砂糖　200克
王后T55傳統法式麵包粉　80克
玉米澱粉　80克
可可粉　80克
酒漬櫻桃　250克

櫻桃酒糖水
水　100克
細砂糖　50克
櫻桃酒　100克

鹹味櫻桃果糊
肯迪雅乳酸發酵奶油　12.5克
冷凍櫻桃　492.5克
黃糖　20克
NH果膠粉　1.5克
三仙膠　1克
鹽之花　1.5克
香草莢　1根
櫻桃酒　45克
生薑糖　0.5克
黃檸檬皮屑　2克
鮮榨檸檬汁　7.5克

櫻桃果醬
寶茸櫻桃果泥　360克
細砂糖　22克
NH果膠粉　5.5克

櫻桃酒香草慕斯
肯迪雅鮮奶油A　125克
香草莢　1根
吉利丁混合物　84克
（或12克200凝固值吉利丁粉+
72克泡吉利丁粉的水）
細砂糖　110克
蛋白　115克
肯迪雅鮮奶油B　550克
櫻桃酒　65克

黑巧克力慕斯
全脂牛奶　113克
肯迪雅鮮奶油A　125克
葡萄糖漿A　120克
柯氏55%黑巧克力　353克
吉利丁混合物　24克
（或2克200凝固值吉利丁粉+
12克泡吉利丁粉的水）
葡萄糖漿B　75克
蛋白　48克
肯迪雅鮮奶油B　325克

夾心
柯氏60%巧克力碎　120克

裝飾
黑色鏡面淋面（配方見P36）
巧克力裝飾飾件

製作方法

櫻桃可可比斯基

1 在攪拌機的缸中放入蛋黃和轉化糖漿，用打蛋器打發成慕斯狀。在另一個攪拌機的缸中放入蛋白和細砂糖，用打蛋器打發成鷹嘴狀。將打發蛋黃和打發蛋白混合，用軟刮刀輕輕攪拌。
2 分次加入過篩的麵包粉、玉米澱粉和可可粉。
3 攪拌均勻後倒入放有烘焙油布的烤盤上，用彎抹刀抹平整。
4 放入濾過水並切塊的酒漬櫻桃。
5 放入旋風烤箱，190℃烤7～8分鐘。烤好後蓋上烘焙油布，翻轉放在網架上。

黑巧克力慕斯

6 鮮奶油B放入攪拌機的缸中，用打蛋器打發成慕斯狀後放入冰箱冷藏（4℃）備用。在另一個攪拌機的缸中倒入蛋白和葡萄糖漿B，用打蛋器打發備用。
7 在單柄鍋中倒入全脂牛奶、鮮奶油A和葡萄糖漿A，一起加熱至50℃，加入泡好水的吉利丁混合物，攪拌至化開。
8 將步驟7的混合物倒在巧克力上，用均質機均質乳化細膩後放入盆中，坐冷水將溫度降至33～34℃。
9 加入步驟6的打發蛋白攪拌均勻。加入一半步驟6的打發鮮奶油B，用打蛋器攪拌均勻。
10 加入步驟6剩下的打發鮮奶油B，用軟刮刀攪拌均勻，馬上使用。

1
2
3
4
5
6
7
8
9
10

櫻桃酒糖水

11 在單柄鍋中放入水和細砂糖，加熱至沸騰後放入冰箱冷藏（4℃）。糖水冷卻後倒入櫻桃酒，攪拌均勻後用保鮮膜包裹，再次放入冰箱冷藏備用。

鹹味櫻桃果糊

12 在單柄鍋中放入櫻桃、奶油和香草莢，慢慢加熱後加入過篩後的黃糖、NH果膠粉和三仙膠的混合物，然後加熱至沸騰。加入鹽之花、櫻桃酒、生薑糖、黃檸檬皮屑和鮮榨檸檬汁，再次加熱至沸騰。用均質機稍稍均質，趁熱往直徑10公分的矽膠模具中倒入80克，放入急速冷凍機中1小時後轉入冰箱冷凍保存備用。

櫻桃果醬

13 在單柄鍋中倒入櫻桃果泥，加熱至35～40℃後加入過篩後的細砂糖和NH果膠粉的混合物，加熱至沸騰。倒入盆中，用保鮮膜貼面包裹，放入冰箱冷藏（4℃）2～3小時。

櫻桃香草慕斯

14 在攪拌機的缸中倒入蛋白和細砂糖，隔水加熱至55～60℃，用打蛋器中速打發至溫度降至30℃。

15 鮮奶油B放入攪拌機的缸中，打發成慕斯狀，放入冰箱冷藏（4℃）備用。

16 在單柄鍋中放入鮮奶油A和香草莢，加熱至50℃，加入泡好水的吉利丁混合物，攪拌至化開。

17 將步驟16的混合物過篩，在30℃時加入步驟14的打發蛋白，用打蛋器攪拌均勻。

18 加入櫻桃酒攪拌均勻。

19 先加入一半步驟15的打發鮮奶油B，用打蛋器攪拌均勻後加入步驟15剩下的打發鮮奶油B，用軟刮刀攪拌，馬上使用。

11
12
13
14
15
16
17
18
19

夾心組合

20 將櫻桃果醬用打蛋器攪打成細膩的奶油質地，放入裝有直徑6公厘（mm）擠花嘴的擠花袋中；在直徑12公分的慕斯圈中，放入高4.5公分的慕斯圍邊，然後放入一片櫻桃可可比斯基；借助毛刷將櫻桃酒糖水刷在櫻桃可可比斯基上。
21 擠入60克櫻桃果醬，放入-38℃的急速冷凍機中冷凍約10分鐘。
22 借助擠花袋在凍好的櫻桃果醬上擠入40克櫻桃酒香草慕斯。
23 放上40克黑巧克力碎，再次擠入40克櫻桃酒香草慕斯。
24 借助彎抹刀將凍好的鹹味櫻桃果糊抹好。
25 再次擠入櫻桃酒香草慕斯，抹平後冷凍，備用。

整款組合

26 將直徑14公分的圓形慕斯圈的底部用保鮮膜貼面包裹，放入高5公分的慕斯圍邊。在擠花袋中放入黑巧克力慕斯，在模具中擠入200克，用小彎抹刀將慕斯掛到慕斯圍邊上。
27 放入步驟25冷凍好的夾心部分，用手按壓擠出多餘的空氣部分。補上黑巧克力慕斯用彎抹刀抹平整，先放入-38℃的急速冷凍機內冷凍2小時，後轉入-18℃的環境中冷凍保存。

裝飾

28 將黑色鏡面淋面加熱至30～32℃（建議使用微波爐慢慢加熱）。將淋面均勻地倒在步驟27的冷凍慕斯表面。
29 用彎抹刀去除多餘的部分後將其放在蛋糕架上，放入冰箱冷藏1～2小時。從冰箱取出後放上巧克力裝飾即可。

20
21
22
23
24
25
26
27
28
29

蘋果栗子

材料（可製作3個直徑12公分的成品）

栗子比斯基
配方見P42

栗子沙布列

肯迪雅乳酸發酵奶油　81克
栗子粉　56克
黃糖　41克
薄脆　37.5克

栗子奶油霜

全脂牛奶　68.8克
寶茸栗子果泥　237.5克
蛋黃　50克
玉米澱粉　6.3克
肯迪雅乳酸發酵奶油　16.5克
法國馬龍傳奇蘋果白蘭地　18.8克

栗子芭芭露奶油

肯迪雅鮮奶油A　60克
蛋黃　30克
細砂糖　48克
寶茸栗子果泥　180克
吉利丁混合物　42克
（或6克200凝固值吉利丁粉+36克泡吉利丁粉的水）
肯迪雅鮮奶油B　120克

栗子奶油

法式栗子泥　166克
法式栗子餡　166克
法式栗子抹醬　111克
肯迪雅乳酸發酵奶油　44克
法國馬龍傳奇蘋果白蘭地　11克

酒漬蘋果
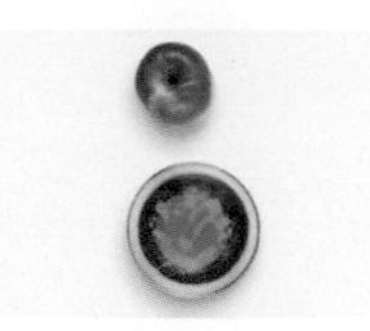
紅蘋果　400克
法國沃迪安貝桐蘋果酒　500克

蘋果酒裝飾果凍
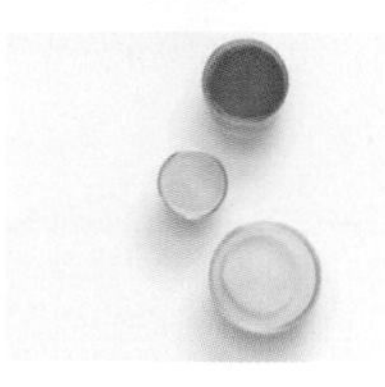
酒漬蘋果的過濾液　250克
細砂糖　25克
植物吉利丁粉　11克

裝飾
鏡面果膠（配方見P190）
薄荷葉
泡了檸檬汁的蘋果片

製作方法

栗子沙布列

1 將奶油和黃糖放入攪拌機的缸中，用平攪拌槳攪拌成奶油質地。先加入栗子粉攪拌均勻，然後加入薄脆再次攪拌均勻。
2 將麵團放在兩張烘焙油布之間壓成3公厘（mm）厚，放入冰箱冷藏（4℃）1小時。
3 取出切割成直徑12公分的圓形。
4 將切割好的圓形放入直徑12公分、高3公分的模具中，放入旋風烤箱，150℃烤12～15分鐘後保存備用。

栗子奶油霜

5 在單柄鍋中倒入栗子果泥和全脂牛奶，加熱至沸騰，將一半倒入盛有玉米澱粉和蛋黃的容器中，攪拌均勻後倒回鍋中，回煮至液體沸騰。
6 加入冷的奶油塊，攪拌均勻。
7 放入蘋果酒，攪拌均勻後馬上使用。

栗子芭芭露奶油

8 將鮮奶油B倒入攪拌機中，打發成慕斯狀後放入冰箱冷藏備用。
9 在單柄鍋中倒入鮮奶油A、栗子果泥、蛋黃和細砂糖，加熱成英式奶醬的狀態（溫度83～85℃）。加入泡好水的吉利丁混合物，均質乳化至無顆粒。
10 放入盆中，隔著冰水降溫至28～30℃。加入一半的步驟8的打發鮮奶油B，用打蛋器攪拌均勻後，倒入步驟8剩下的打發鮮奶油B，用軟刮刀攪拌均勻，馬上使用。

栗子奶油

11 在調理機的缸中放入法式栗子泥、法式栗子餡和法式栗子抹醬，攪打至細膩無顆粒。加入奶油後再次攪打至無顆粒。加入蘋果白蘭地，再次攪打至無顆粒。
12 過篩，用軟刮刀攪拌均勻，放入裝有蒙布朗擠花嘴的擠花袋中，馬上使用。

小貼士

步驟中的原材料都保持在常溫，這樣能夠攪打得更細膩無顆粒。

3mm
3mm
1
2
3
4
5
6
7
8
9
10
11
12

酒漬蘋果

13 將蘋果削皮後切成1公分見方的小丁，放入塑封袋中。倒入蘋果酒，將塑封袋封口後整個放入旋風烤箱中，90℃烤約2小時後放入冰箱冷藏（4℃）至少12小時。

14 將蘋果過濾，放入直徑12公分的慕斯圈中，然後放入-38℃的急速冷凍機中備用。過濾出來的液體放冰箱冷藏備用。

小貼士

一定不要忘記用勺子撇去浮沫，這樣做出來的裝飾果凍的透明度更高。

蘋果酒裝飾果凍

15 在單柄鍋中放入250克步驟14過濾出的液體，加入植物吉利丁粉和細砂糖的混合物，攪拌均勻後加熱至沸騰，用勺子撇去浮沫。

16 倒入直徑14公分的底部包有保鮮膜的慕斯圈中，放入冰箱冷藏（4℃）1小時後切割使用。

組合與裝飾

17 取出步驟4放有栗子沙布列的直徑12公分的模具，在上面擠入30克栗子奶油霜。

18 放上一層栗子比斯基。

19 擠入90克栗子奶油霜，放入-38℃的急速冷凍機中。

20 擠入栗子芭芭露奶油，直至與模具高度齊平，放入-38℃的急速冷凍機中。凍住後脫模，放在-18℃的環境中冷凍備用。

21 借助小抹刀將栗子奶油霜抹在脫模的蛋糕周圍。借助裝有蒙布朗擠花嘴的擠花袋將栗子奶油由上往下掛邊擠出紋路。

22 在表面放上酒漬蘋果後放入冰箱冷凍。將鏡面果膠融化至50℃，用噴砂機將其噴在表面後放入冰箱冷藏。

23 放上薄荷葉和泡了檸檬汁的蘋果片。

24 最後放上一片切割成直徑12公分的圓形蘋果酒裝飾果凍即可。

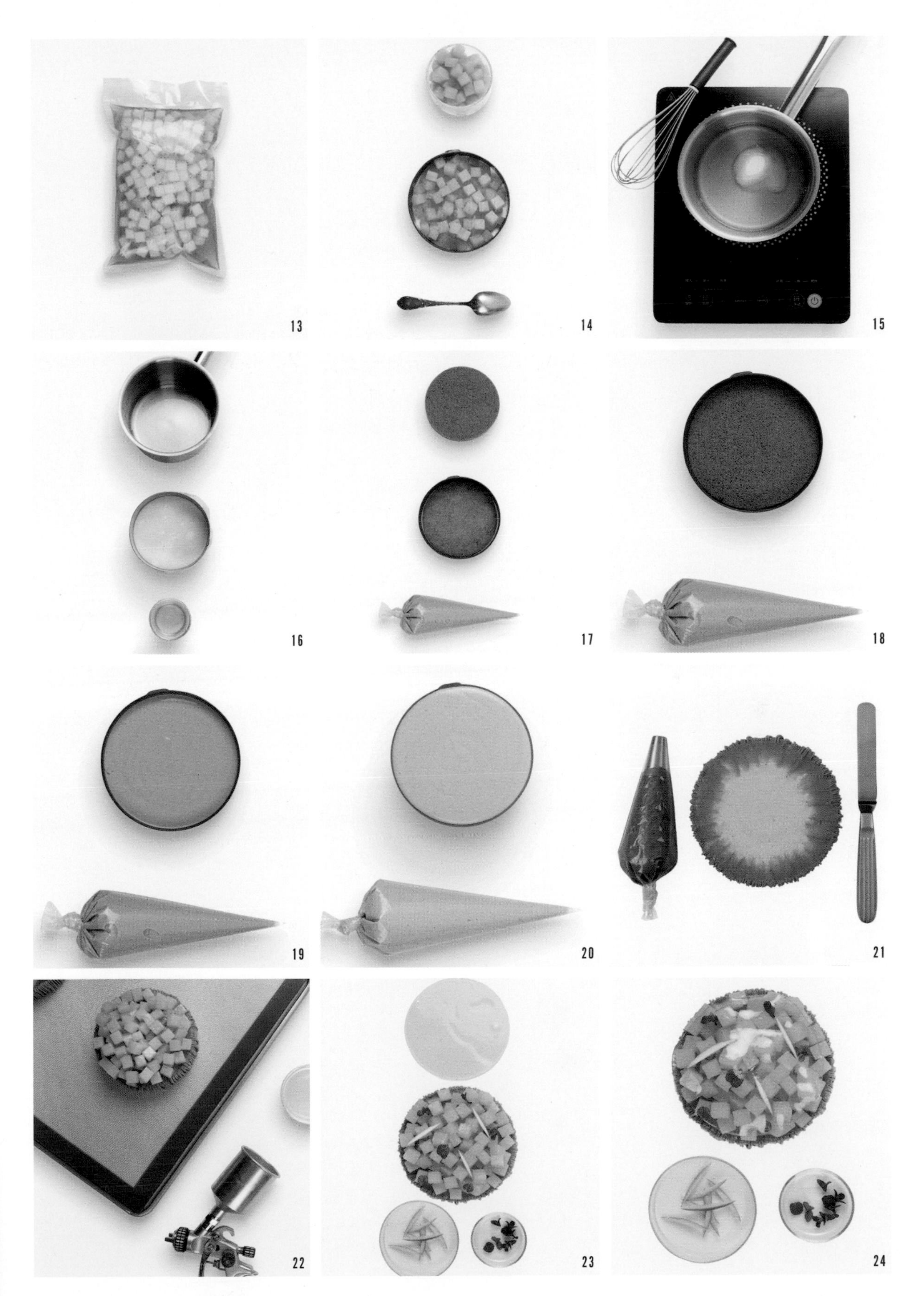
13
14
15
16
17
18
19
20
21
22
23
24

橘子蒙布朗

材料（可製作3個直徑12公分、高4公分的成品）

柑橘法式蛋白霜

蛋白　75克
佛手柑皮屑　1.5克
橙子皮屑　0.5克
青檸檬皮屑　0.5克
糖粉　75克
玉米澱粉　3.5克
細砂糖　75克
鹽之花　0.45克

香草手指比斯基

蛋黃　134克
細砂糖A　27克
右旋葡萄糖粉　27克
蛋白　200克
細砂糖B　120克
玉米澱粉　83克
王后T55傳統法式麵包粉　83克
香草粉　適量

香草糖水

配方見P182

橘子果糊

橘子　200克
橙子　100克
細砂糖　100克
寶茸橘子果泥　100克
細鹽　2克
水　少量

香草馬斯卡彭奶油

肯迪雅鮮奶油　600克
細砂糖　60克
吉利丁混合物　37.1克
（或5.3克200凝固值吉利丁粉+31.8克泡吉利丁粉的水）
香草莢　2根
馬斯卡彭乳酪　100克

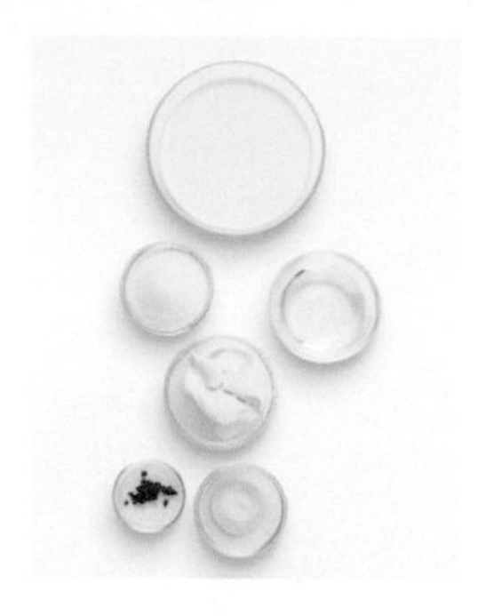

栗子奶油

栗子餡　100克
栗子抹醬　75克
栗子泥　100克
蘭姆酒　9克
肯迪雅乳酸發酵奶油　40克

裝飾

鏡面果膠（配方見P190）
白色可可脂（配方見P37）

製作方法

柑橘法式蛋白霜

1 將蛋白、細砂糖和鹽之花倒入攪拌機的缸中，用打蛋器中速打發成軟尖勾狀態。
2 慢慢加入過篩的糖粉和玉米澱粉，並用軟刮刀攪拌均勻。拌入佛手柑皮屑、橙子皮屑和青檸檬皮屑，放入裝有直徑8公厘（mm）圓形擠花嘴的擠花袋中。
3 在烤盤上放烘焙油布，將蛋白霜擠成直徑10公分的圓，放入旋風烤箱，100℃烤約2小時。

香草手指比斯基

4 在攪拌機的缸中放入蛋黃、細砂糖A和右旋葡萄糖粉，用打蛋器打發成慕斯狀。在另一個攪拌機的缸中放入細砂糖B和蛋白，用打蛋器打發成鷹嘴狀。將打發蛋白和打發蛋黃用軟刮刀輕輕攪拌均勻。
5 慢慢加入過篩的玉米澱粉和麵包粉，攪拌均勻。
6 在烘焙油布上噴脫模劑，撒上香草粉。
7 倒入步驟5的麵糊，抹平後約5公厘（mm）厚，放入旋風烤箱，190℃烤5～6分鐘。烤好後蓋上烘焙油布，翻轉放在網架上。

香草馬斯卡彭奶油

8 在單柄鍋中放入鮮奶油、香草莢和細砂糖，加熱至50℃，加入泡好水的吉利丁混合物，攪拌直至化開。
9 加入馬斯卡彭乳酪，用均質機均質細膩。
10 過篩倒入盆中，用保鮮膜貼面包裹，放入冰箱冷藏（4℃）12小時備用。使用前將涼的馬斯卡彭奶油倒入攪拌機的缸中，用打蛋器打發成需要的質地。

栗子奶油

11 調理機中倒入栗子餡、栗子抹醬和栗子泥，攪打細膩後加入奶油，再次攪打。加入蘭姆酒後再次攪打細膩。將混合物過篩，用軟刮刀攪拌均勻後倒入裝有擠花嘴的擠花袋中。

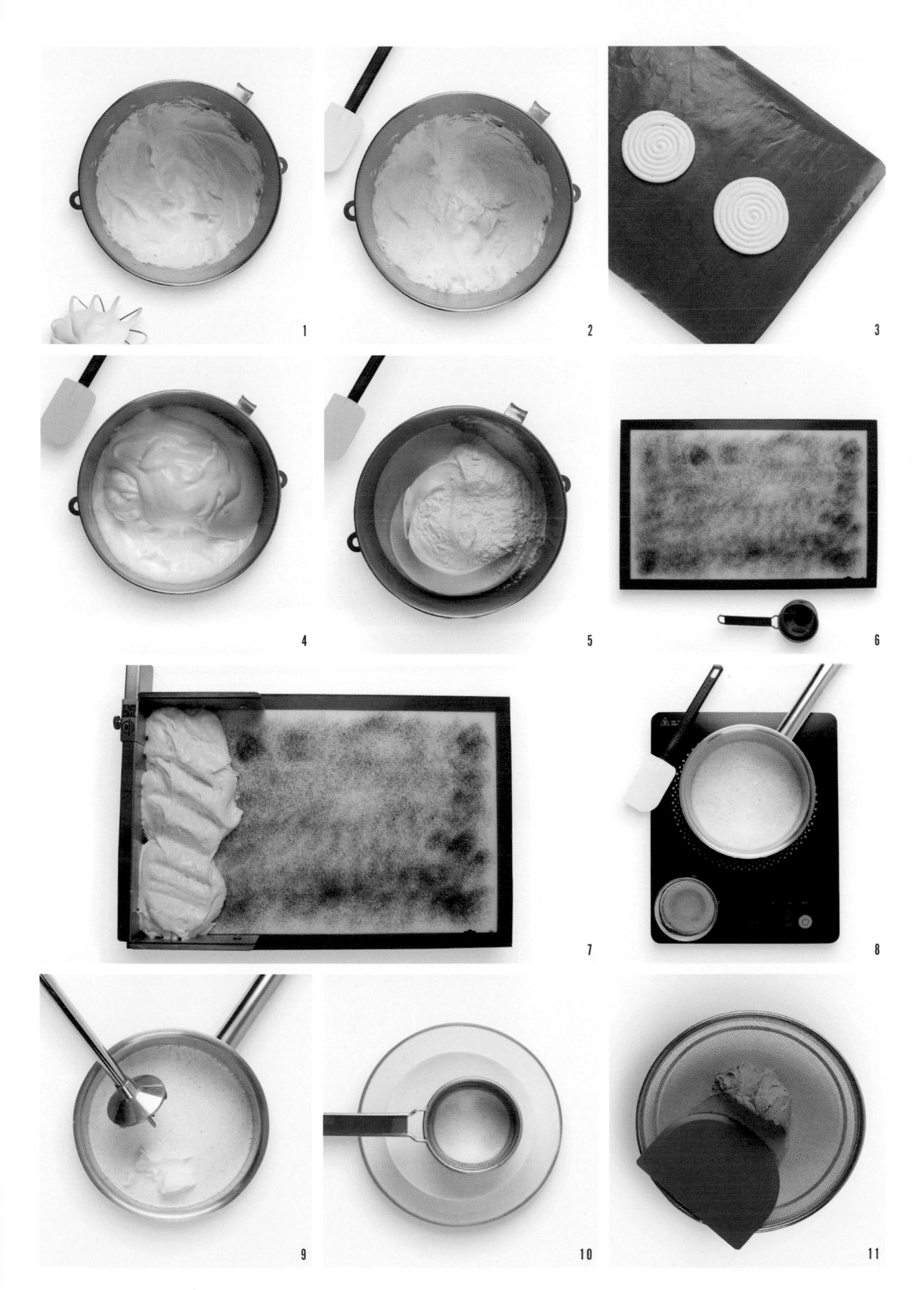
1
2
3
4
5
6
7
8
9
10
11

橘子果糊

12 在單柄鍋中倒入冷水和細鹽，倒入切成方塊的橙子和橘子。

13 小火煮15分鐘後濾掉水分。

14 濾去水的部分放入小的單柄鍋中，加入橘子果泥和細砂糖，小火慢煮成糖漬狀態後放入盆中，用保鮮膜貼面包裹，放入冰箱冷藏（4℃）2小時後使用。

夾心組合

15 準備兩片香草手指比斯基，將其中一片用毛刷蘸上糖水，擠入40克橘子果糊並用小抹刀抹平。

16 放上第二片香草手指比斯基，同樣用毛刷蘸上糖水，放入冰箱冷凍30分鐘。

整款組合

17 準備兩個直徑12公分的慕斯圈，放入一個高4公分的慕斯圍邊，將香草手指比斯基切割成寬4公分、長16公分的長條，貼在慕斯圍邊上；放入烤好的蛋白霜。

18 擠入馬斯卡彭奶油，用小抹刀將奶油推至周邊。

19 放入步驟16冷凍好的夾心。

20 再次補上馬斯卡彭奶油，用抹刀抹平整後冷凍1小時。

裝飾

21 白色可可脂調溫至27～28℃，用噴砂機噴在產品表面。

22 擠上栗子奶油後放入-18℃的環境中冷凍20分鐘。

23 取出用噴砂機噴上加熱至50℃的鏡面果膠即可。

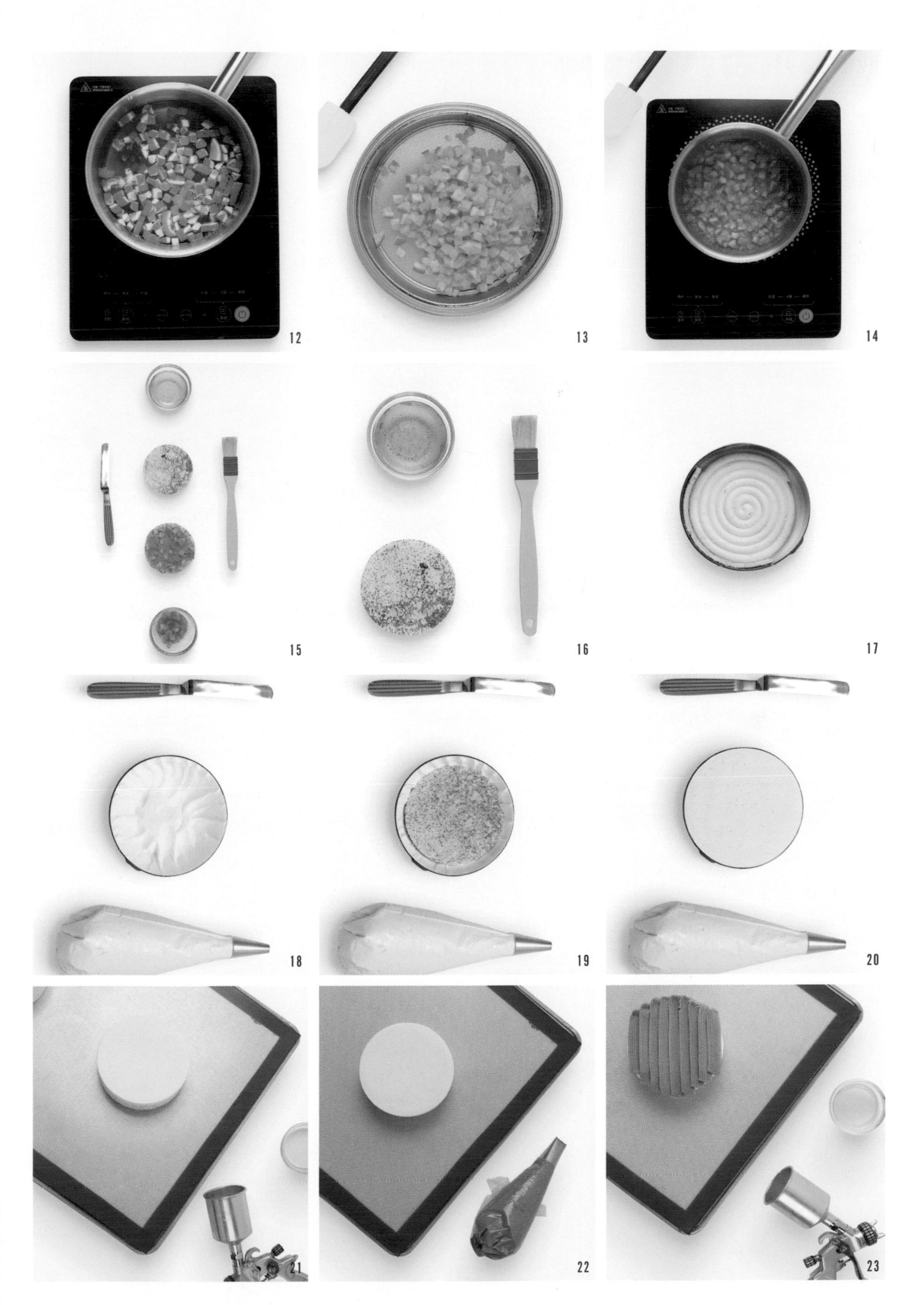

咖啡小豆蔻歌劇院

材料（可製作3個邊長12公分的正方形成品）

咖啡杏仁喬孔達比斯基

全蛋　333克
杏仁粉　252克
細砂糖A　253克
王后T55傳統法式麵包粉　66克
肯迪雅乳酸發酵奶油　54克
蛋白　220克
細砂糖B　34克
速溶咖啡　10克

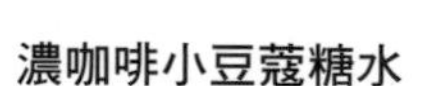

濃咖啡小豆蔻糖水

水A　170克
細砂糖　135克
水B　170克
現磨咖啡豆　35克
小豆蔻　5克
速溶咖啡　5克

黑巧克力甘納許

肯迪雅鮮奶油　150克
柯氏55%黑巧克力　180克
肯迪雅乳酸發酵奶油　25克

咖啡奶油

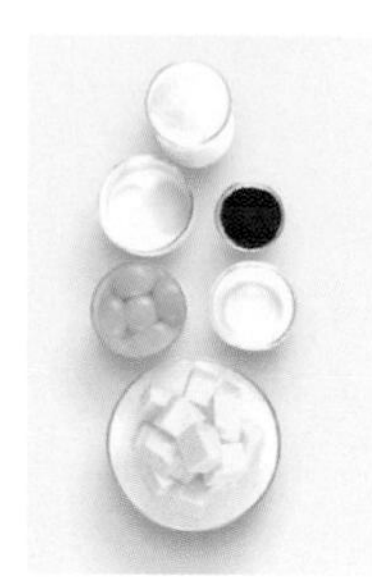

細砂糖　200克
水A　100克
蛋黃　75克
肯迪雅乳酸發酵奶油　250克
速溶咖啡　5克
水B　10克

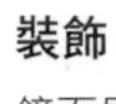

裝飾

鏡面果膠（配方見P190）
巧克力飾件

製作方法

咖啡杏仁喬孔達※比斯基※

1 在攪拌機的缸中放入蛋白和細砂糖B，用打蛋器打發成比較軟質地的蛋白霜。
2 在另一個攪拌機的缸中放入全蛋、杏仁粉、細砂糖A和速溶咖啡，用打蛋器打發至飄帶狀（此步驟耗時比較久）。
3 加入過篩的麵包粉，攪拌均勻。
4 加入融化至50～55℃的奶油。
5 分次慢慢加入步驟1的打發蛋白，用軟刮刀攪拌均勻，製成蛋糕麵糊。
6 在放有烘焙油紙的烤盤上倒入600克步驟5的蛋糕麵糊，用彎抹刀抹平整後放入旋風烤箱，230℃烤4～5分鐘。
7 出爐後蓋上一張烘焙油紙，翻轉放在網架上。

小貼士

咖啡奶油也可以做好直接使用，但是冷藏過後風味更好。

咖啡奶油

8 將蛋黃放入攪拌機的缸中，用打蛋器打發，注入少量空氣。
9 在單柄鍋中放入水A和細砂糖。
10 加熱至120℃後倒入步驟8正在慢慢攪拌的打發蛋黃中，持續攪拌至溫度降至20～22℃。
11 倒入軟化的奶油，開機攪打至乳化。
12 將速溶咖啡和水B混合攪拌均勻後加入缸中，攪拌均勻後放入盆中，用保鮮膜貼面包裹，放入冰箱冷藏（4℃）至少12小時。

※喬孔達：即是「杏仁海綿蛋糕」。法語「joconde」，有蒙娜麗莎畫像的意思。
※比斯基：即biscuits。在英語中是「餅乾」的意思，法語則指用「分蛋法做的海綿蛋糕」，迄今已衍生各種不同的作法和配方。在本書中泛指一層薄薄的蛋糕體，有時在底部，有時在中間分層。

1
2
3
4
5
6
7
8
9
10
11
12

黑巧克力甘納許

13 將鮮奶油和奶油放入單柄鍋中，加熱至80℃，倒在黑巧克力上均質乳化細膩。倒入盆中，用保鮮膜貼面包裹，常溫保存，使用前需要升溫至30℃。

小貼士

為了防止咖啡豆的苦味太濃，應避免將混有咖啡豆或速溶咖啡的水加熱至沸騰。

濃咖啡小豆蔻糖水

14 在單柄鍋中倒入水B，加熱至沸騰後倒入提前在擠花袋中敲碎的咖啡豆和小豆蔻，攪拌後靜置20分鐘，過篩秤出所需要的用量。

15 另一個單柄鍋中放入水A和細砂糖，加熱至沸騰後放入速溶咖啡，攪拌至化開。與步驟14的材料混合，攪拌均勻後放入盆中，用保鮮膜包裹，放入冰箱冷藏（4℃）至少3小時。

組合與裝飾

16 將咖啡奶油打發成慕斯狀備用；將咖啡杏仁喬孔達比斯基切割成3片長37公分、寬27公分的蛋糕體；黑巧克力甘納許加熱至30℃。

17 在第一層蛋糕體上用毛刷蘸上150克濃咖啡小豆蔻糖水。

18 然後放上190克咖啡奶油，用彎抹刀抹平。

19 放上第二片蛋糕體，稍稍壓一下，用毛刷蘸上150克濃咖啡小豆蔻糖水，然後淋上200克30℃的黑巧克力甘納許。

20 放上最後一片蛋糕體，再次輕輕壓實，用毛刷蘸上150克濃咖啡小豆蔻糖水，最後放入剩下的咖啡奶油抹平，放入冰箱冷藏（4℃）12小時。

21 從冰箱中取出，切割成寬2.5公分的長條。

22 將5個長條切面朝上水平貼著放好，然後切割出邊長12.5公分的正方形，放入冰箱冷凍1小時。

23 將鏡面果膠融化至50℃，用噴砂機將其噴在凍好的蛋糕上。

24 然後轉移到蛋糕架上，在四周和上面分別放上巧克力飾件即可。

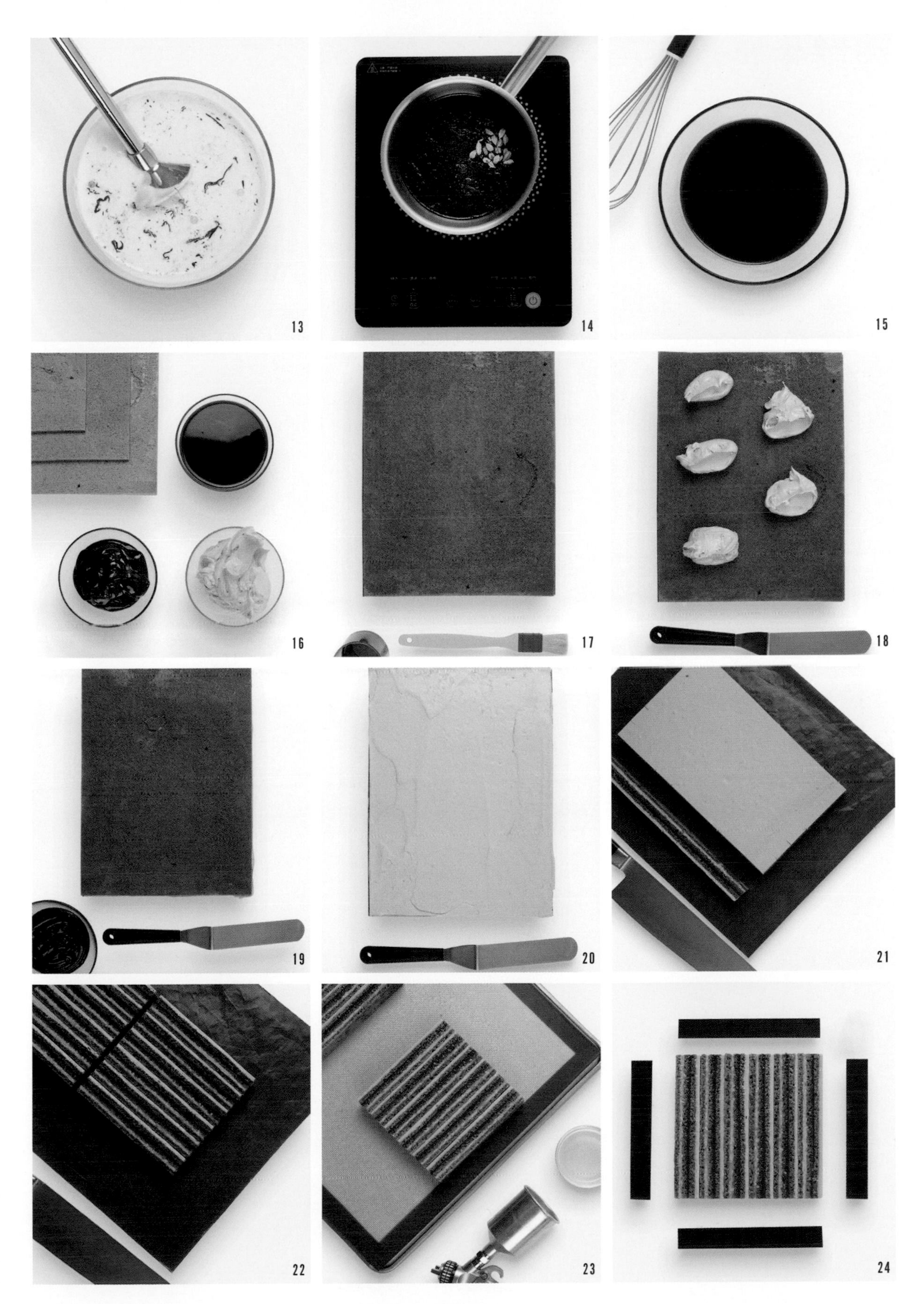
13
14
15
16
17
18
19
20
21
22
23
24

蘋果牛奶蕎麥

材料（可製作3個直徑14公分、高4公分的成品）

焦糖鬆軟比斯基

細砂糖　310克
肯迪雅鮮奶油　380克
細鹽　2克
肯迪雅乳酸發酵奶油　60克
王后T55傳統法式麵包粉　100克
泡打粉　5克
細杏仁粉　50克
榛子粉　50克
馬鈴薯澱粉　50克
全蛋　240克

蕎麥沙布列

王后T55傳統法式麵包粉　80克
蕎麥粉　80克
馬鈴薯澱粉　32.5克
糖粉　55克
肯迪雅乳酸發酵奶油　165克
蛋黃　10克

重組蕎麥沙布列

柯氏43%牛奶巧克力　105克
薄脆　100克
蕎麥沙布列（見上方）　207.5克

基礎米布丁

圓米　75克
細砂糖　46克
香草莢　2根
全脂牛奶　375克

烘烤蘋果果糊

蘋果　適量
肯迪雅乳酸發酵奶油　適量

米布丁慕斯

基礎米布丁（見左側）　300克
肯迪雅鮮奶油A　81克
全脂牛奶　81克
蛋黃　33克
細砂糖　17克
吉利丁混合物　21克
（或3克200凝固值吉利丁粉+18克泡吉利丁粉的水）
肯迪雅鮮奶油B　210克

烘烤蘋果慕斯

烘烤蘋果果糊　523克
吉利丁混合物　112克
（或16克200凝固值吉利丁粉+96克泡吉利丁粉的水）
蛋白　117克
蛋白粉　1.2克
細砂糖　90克
葡萄糖粉　36克
肯迪雅鮮奶油　197克

酸化草莓果醬

寶茸草莓果泥　200克
草莓汁　100克
細砂糖　40克
NH果膠粉　5克
檸檬酸　2.5克

裝飾

鏡面果膠（配方見P190）
紅麴粉
巧克力飾件

製作方法

焦糖鬆軟比斯基

1 在單柄鍋中把細砂糖煮成焦糖，加入奶油，攪拌均勻。

2 在另一個單柄鍋中倒入鮮奶油和細鹽，加熱至微沸，倒入步驟1的混合物中，用均質機均質乳化，降溫至30℃，製成焦糖醬。

3 將步驟2降溫的焦糖醬倒入攪拌機的缸中，加入全蛋並攪拌均勻。

4 加入過篩的所有粉類，攪拌均勻。

5 倒入放有烘焙油布的烤盤上，用彎抹刀抹平整。放入旋風烤箱，170℃烤10～12分鐘，烤好後蓋上一張烘焙油布，翻轉放在網架上。

蕎麥沙布列

6 所有原材料的溫度必須保持在4℃左右。將麵包粉、蕎麥粉、馬鈴薯澱粉、糖粉和切塊的奶油倒入調理機中，攪打成無奶油質地的沙礫狀態。加入蛋黃攪拌成團，然後壓過刨絲器。放入旋風烤箱，150℃烤20～25分鐘，放涼後避潮保存。

重組蕎麥沙布列

7 將薄脆和蕎麥沙布列倒入攪拌機的缸中，加入融化至40～43℃的牛奶巧克力，用平攪拌槳攪拌。倒入直徑12公分的模具中，用勺子壓平整後放入-18℃的環境中冷凍備用。

酸化草莓果醬

8 在單柄鍋中倒入草莓果泥和草莓汁，加熱至35～40℃，篩入混合好的NH果膠粉和細砂糖，加熱至沸騰。加入檸檬酸後倒入碗中，用保鮮膜貼面包裹，放入冰箱冷藏（4℃）12小時，使用前用打蛋器攪打細膩。

基礎米布丁

9 將製作米布丁的所有材料倒入調理機中攪拌，加熱至97℃。倒入盆中，用保鮮膜貼面包裹，放入冰箱冷藏（4℃）。

1
2
3
4
5
6
7
8
9

米布丁慕斯

10 將鮮奶油B倒入攪拌機的缸中，用打蛋器打發成慕斯狀，放入冰箱冷藏備用。將鮮奶油A、全脂牛奶、細砂糖和蛋黃倒入單柄鍋中，加熱製成英式奶醬（溫度83～85℃）。加入泡好水的吉利丁混合物，用均質機均質乳化後放入盆中。
11 加入步驟9冷藏好的基礎米布丁，攪拌均勻。
12 在30℃時加入一半的打發鮮奶油B，攪拌均勻；然後加入剩下的打發鮮奶油B，用軟刮刀攪拌均勻後馬上使用。

烘烤蘋果果糊

13 將蘋果去皮後切成8瓣，放在矽膠墊上，表面刷上融化奶油，再蓋一張矽膠墊後放入旋風烤箱中，150℃烤35～40分鐘。
14 烤好後放入調理機中攪打成糊，放入冰箱冷藏（4℃）備用。

烘烤蘋果慕斯

15 在攪拌機的缸中放入鮮奶油，打發成慕斯狀後放入冰箱冷藏（4℃）備用。在另一個攪拌機的缸中放入蛋白、細砂糖、葡萄糖粉和蛋白粉，隔著熱水將溫度升至55～60℃，用打蛋器中速打發直至溫度降至30℃，製成瑞士蛋白霜。
16 在盆中放入降溫至30℃的烘烤蘋果果糊，倒入融化至45～50℃的吉利丁混合物，並用打蛋器攪拌均勻。
17 加入步驟15的瑞士蛋白霜，用打蛋器攪拌均勻。
18 加入一半步驟15的打發鮮奶油，用打蛋器攪拌均勻後加剩下的打發鮮奶油，用軟刮刀攪拌均勻，馬上使用。

10
11
12
13
14
15
16
17
18

組合與裝飾

19 切割兩片直徑12公分的焦糖鬆軟比斯基；將烘烤蘋果慕斯放入擠花袋中；將酸化草莓果醬放入擠花袋中。在直徑12公分的圓形慕斯圈中先擠入70克草莓果醬，再放入一片焦糖鬆軟比斯基。

20 再次擠入70克草莓果醬，並放入一片焦糖鬆軟比斯基。

21 擠入90克烘烤蘋果慕斯，放入急速冷凍機中冷凍1小時，凍好後取出脫模，放入冰箱冷凍。

22 準備一個直徑14公分、高4.5公分的圓形矽膠模具（SFT394），放在轉盤上，借助毛刷和常溫的鏡面果膠在模具內壁刷出圓形紋路。

23 撒上紅麴米粉後將多餘的粉倒出，放在常溫下風乾3小時。

24 在步驟23準備好的模具中倒入180克米布丁慕斯，借助小抹刀將慕斯液掛邊。

25 放入步驟21提前做好的夾心部分，輕輕下壓去除氣泡，在夾心上擠入少量的米布丁慕斯。

26 放上步驟7的重組蕎麥沙布列，借助抹刀將多餘的慕斯去除，放入-38℃的環境中冷凍2小時後轉入-18℃的環境中保存。

27 使用前將產品放入冰箱冷藏（4℃）2小時，取出後倒扣脫模，放上巧克力飾件裝飾即可。

19
20
21
22
23
24
25
26
27

香料梨劈柴蛋糕

材料（可製作3個長25公分、寬6公分、高6公分的成品）

焦糖香料蛋糕比斯基

杏仁粉　320克
焦糖粉　250克
黃糖A　50克
蛋白A　90克
蛋黃　110克
糖粉　54克
細鹽　1.2克
香草莢　2根
肯迪雅乳酸發酵奶油　260克
王后T55傳統法式麵包粉　150克
泡打粉　9.2克
蛋白B　356克
黃糖B　88克
橙子皮屑　10克
肉桂粉　8克
肉豆蔻粉　2克
八角粉　4克

紅酒果凍

紅酒　188克
肉桂棒　9克
橙子片　60克
青檸檬片　30克
黃檸檬片　30克
NH果膠粉　5克
細砂糖　90克
吉利丁混合物　14克
（或2克200凝固值吉利丁粉+12克泡吉利丁粉的水）

紅酒香料梨

紅酒　750克
威廉姆梨　4個
細砂糖　100克
檸檬皮屑　10克
橙子皮屑　10克
黑胡椒粒　5克
肉桂棒　5克

透明淋面

細砂糖　450克
葡萄糖漿　300克
水　170克
吉利丁混合物　140克
（或20克200凝固值吉利丁粉+
120克泡吉利丁粉的水）

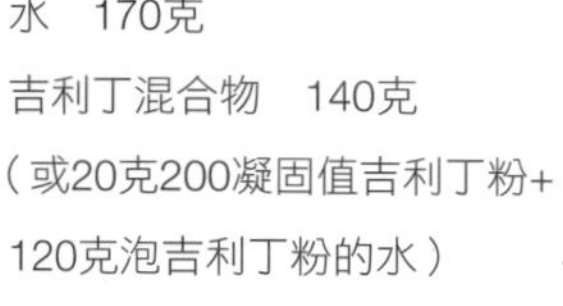

梨子果醬

配方見P48

重組焦糖餅乾沙布列

配方見P216

烤布蕾慕斯

配方見P216

裝飾

巧克力羽毛
巧克力樹根花紋飾件

製作方法

焦糖香料蛋糕比斯基

1 將奶油倒入單柄鍋中，加熱至145℃，煮成榛味奶油（即奶油加熱至145℃後的一種狀態，專用名稱）後放入盆中備用。

2 在攪拌機的缸中放入杏仁粉、焦糖粉、黃糖A、糖粉、細鹽、香草籽、肉桂粉、肉豆蔻粉、八角粉、橙子皮屑、蛋白A和蛋黃，用打蛋器攪拌；慢慢加入降溫至50℃的榛味奶油。

3 在另一個攪拌機的缸中放入蛋白B和黃糖B，用打蛋器中速打發成鷹嘴狀。

4 將步驟3攪打好的蛋白與步驟2的混合物用軟刮刀攪拌均勻。

5 加入過篩的麵包粉和泡打粉，攪拌均勻後倒在放有烘焙油布的烤盤上，用彎抹刀抹平整後入旋風烤箱，165℃烤約15分鐘。

6 烤好後在表面再放一張烘焙油布，翻轉放在網架上備用。

透明淋面

7 在單柄鍋中放入水、葡萄糖漿和細砂糖，加熱至沸騰，加入泡好水的吉利丁混合物，攪拌至化開。倒入盆中，用保鮮膜貼面包裹，放入冰箱冷藏（4℃）至少12小時。

紅酒果凍

8 將紅酒倒入單柄鍋中，加熱至微沸後倒在肉桂棒、橙子片、青檸檬片、黃檸檬片上，用保鮮膜貼面包裹，放入冰箱冷藏（4℃）靜置12小時。

9 過篩後將紅酒補至188克，並倒入單柄鍋中，加熱至40℃。篩入混合好的NH果膠粉和細砂糖，攪拌均勻後加熱至沸騰。加入泡好水的吉利丁混合物，倒入盆中，用保鮮膜貼面包裹，放入冰箱冷藏（4℃）3～4小時。

紅酒香料梨

10 將威廉姆梨去皮，包裹一層薄薄的檸檬汁防止氧化變黑。在單柄鍋中放入紅酒、檸檬皮屑、橙子皮屑、黑胡椒粒、肉桂棒和細砂糖，加熱至沸騰並持續沸騰3分鐘；放入去皮的威廉姆梨，將其完全浸泡在液體中，等液體溫度降至常溫後轉入冰箱冷藏（4℃）至少12小時，過篩出梨子後將其切割成1公分厚的片。

組合與裝飾

11 兩個高1公分的尺子間隔4公分擺放，中間放入梨子果醬，抹平整後放入冰箱凍硬後脫模。此為第一個夾心。

12 將焦糖香料蛋糕比斯基切割成長22公分、寬4公分，放在兩個高2公分的尺子中間。

13 放上切片的紅酒香料梨，擠入均質後的紅酒果凍並抹平，放入冰箱冷凍。此為第二個夾心。

14 在長25公分、寬6公分、高6公分的模具內擠入1/3高度的烤布蕾慕斯，並放入步驟11做好的第一個夾心，再次擠入一些烤布蕾慕斯，借助彎抹刀將其抹平蓋住夾心。

15 放入第二個夾心，下壓擠出空氣。

16 再次補入烤布蕾慕斯，抹平整後放入重組焦糖餅乾沙布列。放入-38℃的環境中冷凍2～3小時，脫模後放入-18℃的環境中保存。

17 透明淋面融化至28～30℃，並將淋面均勻地淋在表面。

18 放入冰箱冷藏（4℃）2～3小時，取出放上巧克力樹根花紋飾件和巧克力羽毛裝飾即可。

10
11
12
13
14
15
16
17
18

樹莓蜜桃蛋糕

材料（可製作3個直徑14公分的蛋糕）

樹莓蛋糕體

寶茸樹莓果泥　200克
蛋白粉　20克
細砂糖A　92克
蛋黃　133克
王后T55傳統法式麵包粉　133克
馬鈴薯澱粉　33克
肯迪雅乳酸發酵奶油　17克
葡萄籽油　17克
細砂糖B　92克
轉化糖漿　67克

杏仁瓦片

杏仁片　200克
蛋白　25克
細砂糖　50克
香草液　5克

香草糖水

水　175克
細砂糖　75克
香草液　5克

樹莓果醬

寶茸樹莓果泥　300克
細砂糖　4.5克
NH果膠粉　4.5克
鮮榨檸檬汁　6克

蜜桃瑞士蛋白霜

寶茸白桃果泥　255克
蛋白粉　25克
葡萄糖粉　65克
細砂糖　155克

蜜桃果糊

寶茸白桃果泥　250克
鮮榨黃檸檬汁　10克
細砂糖　10克
NH果膠粉　3克
水蜜桃丁　250克
蜜桃利口酒　10克
吉利丁混合物　14克
（或2克200凝固值吉利丁粉+12克泡吉利丁粉的水）

蜜桃西布斯特奶油

肯迪雅鮮奶油　231克
全脂牛奶　198克
香草莢　1根
蛋黃　121.5克
細砂糖　49.5克
奶油凝膠劑（索薩GEL CREAM）　27克
吉利丁混合物　63克
（或9克200凝固值吉利丁粉+54克泡吉利丁粉的水）
蜜桃瑞士蛋白霜（見左側）　415克

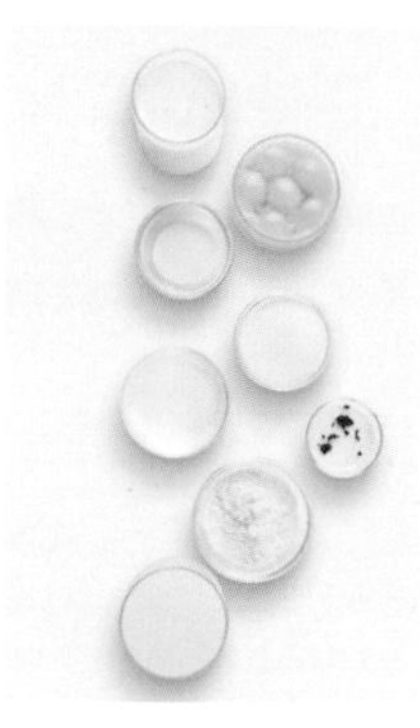

蜜桃淋面

寶茸白桃果泥　390克
全脂牛奶　26克
水　208克
葡萄糖漿　143克
NH果膠粉　13克
細砂糖　143克
吉利丁混合物　28克
（或4克200凝固值吉利丁粉+24克泡吉利丁粉的水）
紅色水溶色粉　適量

裝飾

綠色巧克力葉狀飾件
巧克力泥

製作方法

樹莓蛋糕體

1 攪拌機的缸中倒入樹莓果泥、轉化糖漿、細砂糖A和蛋白粉，用打蛋器中速打發。
2 另一個攪拌機的缸中倒入蛋黃和細砂糖B，用打蛋器打發成慕斯狀。
3 將步驟2的打發蛋黃與步驟1的材料輕輕用軟刮刀混合攪拌均勻。
4 將奶油融化至50℃，與葡萄籽油攪拌均勻後加入步驟3的缸內。
5 倒入過篩的麵包粉和馬鈴薯澱粉，攪拌均勻。
6 倒入放有烘焙油布的烤盤中，用彎抹刀抹平整後放入旋風烤箱，180℃烤8～10分鐘。烤好後蓋一張烘焙油紙，翻轉放在網架上。

杏仁瓦片

7 將細砂糖、蛋白和香草液混合攪拌均勻，加入杏仁片。用軟刮刀將全部混合物攪拌均勻，放入直徑12公分的慕斯圈中，每個模具放45克，放入旋風烤箱，150℃烘烤至表面出現漂亮的焦糖色。

香草糖水

8 在單柄鍋中放入水、細砂糖和香草液，加熱至沸騰後放入碗中。用保鮮膜貼面包裹，放入冰箱冷藏（4℃）備用。

樹莓果醬

9 將樹莓果泥倒入單柄鍋中，加熱至35～40℃，篩入攪拌均勻的細砂糖和NH果膠粉，攪拌均勻後加熱至沸騰。加入鮮榨檸檬汁後放入盆中，用保鮮膜貼面包裹，放入冰箱冷藏（4℃）1～3小時後使用。

小貼士

如果當季，可用新鮮水蜜桃，否則可用蜜桃罐頭。

蜜桃果糊

10 將白桃果泥和切成小塊的水蜜桃放入鍋中，加熱至35～40℃，篩入攪拌均勻的細砂糖和NH果膠粉，攪拌均勻後加熱至沸騰。加入泡好水的吉利丁混合物，攪拌至化開。加入蜜桃利口酒，攪拌均勻後放入盆中，用保鮮膜貼面包裹，放入冰箱冷藏（4℃）2～3小時後使用。

小貼士

在將煮好的醬與蜜桃瑞士蛋白霜攪拌時一定要保證醬的溫度為50℃，而蜜桃瑞士蛋白霜的溫度為30℃。

蜜桃瑞士蛋白霜

11 攪拌機的缸中倒入細砂糖、蛋白粉、葡萄糖粉，攪拌均勻後加入白桃果泥，再次攪拌均勻後將缸隔著熱水加熱至55～60℃。
12 加熱至指定溫度後，用打蛋器中速打發，此部分用在蜜桃西布斯特奶油配方內。

1
2
3
4
5
6
7
8
9
10
11
12

蜜桃西布斯特奶油

13 在單柄鍋中倒入全脂牛奶、鮮奶油和香草莢，加熱至沸騰，將一半倒入混合均勻的蛋黃、奶油凝膠劑和細砂糖上。

14 攪拌均勻後倒回鍋中，慢慢加熱至黏稠並沸騰。關火，加入泡好水的吉利丁混合物。

15 攪拌均勻後用均質機均質乳化，在溫度為50℃時慢慢加入蜜桃瑞士蛋白霜，用打蛋器攪拌均勻。加入剩下的蜜桃瑞士蛋白霜，用軟刮刀輕柔地攪拌均勻，馬上使用。

小貼士

色粉的添加量需要根據實際色粉品牌來做調整，顏色調整到水蜜桃的粉色即可。

蜜桃淋面

16 在單柄鍋中放入白桃果泥、水、葡萄糖漿和全脂牛奶，加熱至35～40℃，篩入攪拌均勻的NH果膠粉和細砂糖的混合物，加熱至沸騰。加入泡好水的吉利丁混合物，攪拌至化開，加入少量紅色水溶色粉。使用均質機均質成均勻無泡沫的液體，倒入盆中，用保鮮膜貼面包裹，放入冰箱冷藏（4℃）12小時。

組合與裝飾

17 將樹莓果醬和蜜桃果糊用打蛋器攪打細膩；將樹莓蛋糕體用直徑12公分的圓形模具切出形狀。在直徑12公分的圓形慕斯圈中放入70克樹莓果醬，並用小勺抹平整。

18 放入切好的蛋糕體（有蛋糕皮的那一面朝下），在蛋糕體上用毛刷刷上香草糖水。

19 擠入100克蜜桃果糊，用小勺抹均勻。放入冰箱冷凍至少1小時，此為夾心部分。

20 將步驟19的夾心部分脫模；將蜜桃西布斯特奶油放入擠花袋中；取出杏仁瓦片。在直徑14公分、高4.5公分的圓形矽膠模具中擠入一半高度的蜜桃西布斯特奶油，用小抹刀將奶油掛邊。

21 放入夾心，樹莓果醬部分朝下，輕壓排出空氣，再次擠入蜜桃西布斯特奶油。

22 放入杏仁瓦片，去除多餘的蜜桃西布斯特奶油。放入-38℃的環境中急速冷凍至少2小時。

23 將步驟22的蛋糕脫模，用直徑12公分的慕斯圈壓出痕跡。

24 融化蜜桃淋面至30～32℃，淋在步驟23的蛋糕上，用彎抹刀抹去多餘的部分，放入冰箱冷藏（4℃）2小時。取出後用綠色巧克力葉狀飾件和巧克力泥裝飾即可。

13
14
15
16
17
18
19
20
21
22
23
24

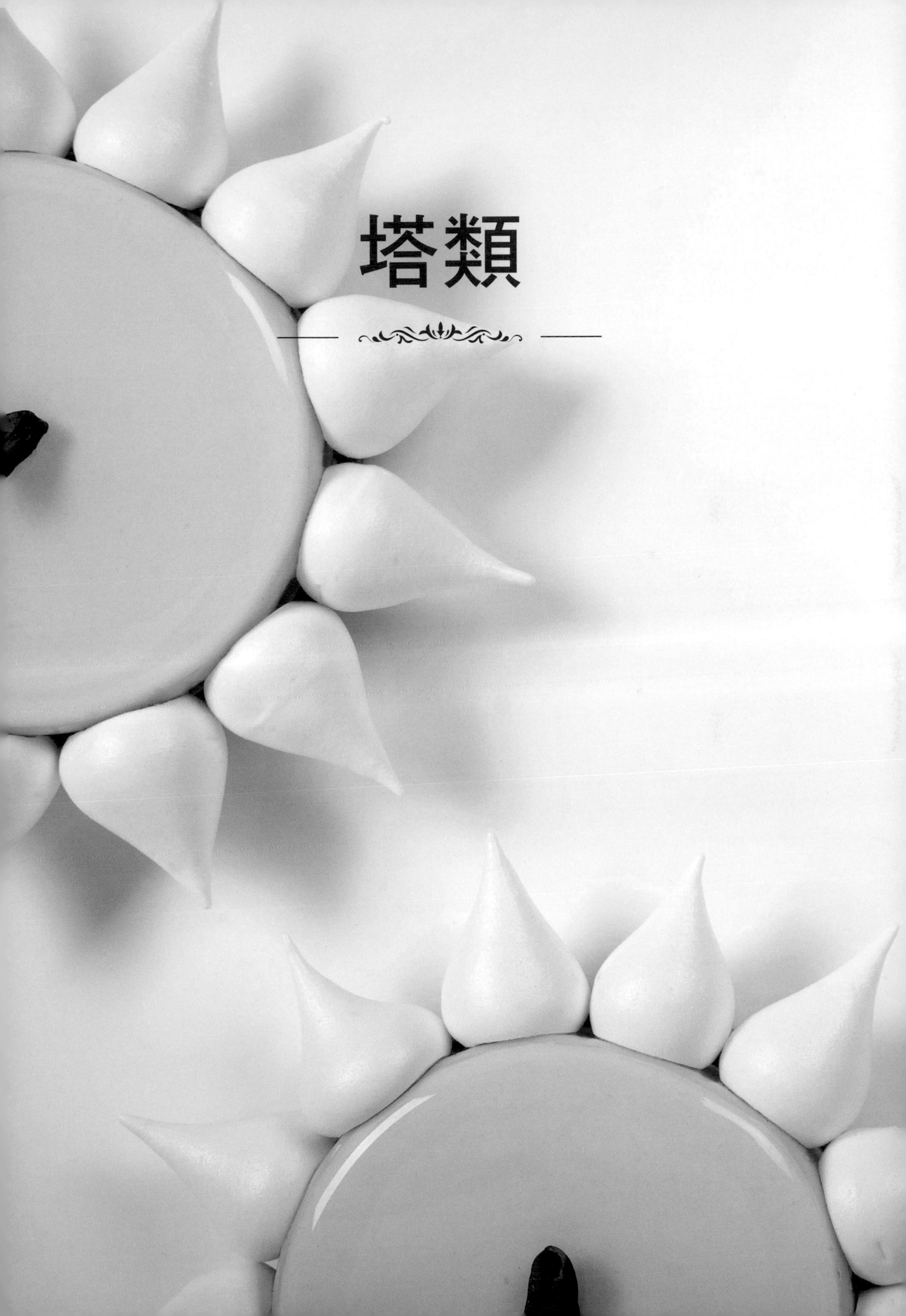

塔類

斑斕日本柚子小塔

材料（可製作12個）

杏仁沙布列

肯迪雅布列塔尼奶油片　100克
細鹽　1.7克
糖粉　50克
杏仁粉　50克
王后T65經典法式麵包粉　200克
全蛋　41.7克

斑斕杏仁蛋糕體

全蛋　280克
50%杏仁膏　400克
泡打粉　5克
王后T55傳統法式麵包粉　70克
斑斕粉　20克
肯迪雅乳酸發酵奶油　130克
蛋白　100克
60%君度酒　50克

日本柚子奶油

寶茸日本柚子果泥　81克
細砂糖　75克
全蛋　54克
蛋黃　36克
肯迪雅乳酸發酵奶油　100克
可可脂　44克
吉利丁混合物　18.9克
（或2.7克200凝固值吉利丁粉+
16.2克泡吉利丁粉的水）

斑斕打發甘納許

肯迪雅鮮奶油A　140克
吉利丁混合物　21克
（或3克200凝固值吉利丁粉+
18克泡吉利丁粉的水）
柯氏白巧克力　70克
斑斕粉　12克
肯迪雅鮮奶油B　300克

鏡面果膠

水　250克
葡萄糖漿　50克
細砂糖　87克
NH果膠粉　10克
鮮榨黃檸檬汁　10克

日本柚子橙子果醬

橙子果肉　104克
寶茸椰子果泥　40克
寶茸日本柚子果泥　52克
細砂糖　62克
NH果膠粉　3.4克
橙子皮　2克
吉利丁混合物　21克
（或3克200凝固值吉利丁粉+18克泡
吉利丁粉的水）

蛋奶液

肯迪雅鮮奶油　75克
蛋黃　60克

裝飾

薄荷葉
豌豆葉
小紫蘇葉

製作方法

小貼士

杏仁沙布列是一種烤好後口感非常酥脆的麵團，所以在攪打過程中不可以將麵團打上筋性並且需要長時間的靜置。

小貼士

①這種做法的鏡面果膠可在冰箱冷藏3～4周。

②鏡面果膠的使用範圍很廣，可以用噴砂的方式噴在產品表面，在一定程度上保證產品的濕度。

杏仁沙布列

1 所有材料都需要保持在4℃，此溫度為正常冷藏冰箱的溫度。在調理機中放入乾性原材料和切成小塊的奶油，一起攪打直至奶油完全與乾性原材料混合。

2 將攪打均勻的全蛋加入，攪打至成團。

3 倒在桌面上用手掌部揉搓。將麵團放在兩張烘焙油布中間，壓至2公厘（mm）厚。放入冰箱冷藏（4℃）12小時。

4 將冷藏好的麵皮切割成長18.5公分、寬2公分的長條，在其餘的麵皮上切割出直徑5.5公分的圓片。

5 將長條和圓形麵皮放入直徑6公分的塔圈內。

6 放入冰箱冷藏12小時，然後轉移至烤箱，150℃烤15～20分鐘。

鏡面果膠

7 單柄鍋中放入水和葡萄糖漿，加熱至35～40℃；NH果膠粉和細砂糖混合過篩後，倒入單柄鍋中。加熱至沸騰，並保持沸騰30～40秒，幫助果膠粉完全溶於溶液中。

8 加入鮮榨黃檸檬汁，攪拌均勻，將液體過篩。用保鮮膜貼面包裹，放入冰箱冷藏（4℃）。

1
2
3
4
5-1
5-2
6
7
8

小貼士

煮製時需要小心火候，只要煮到微沸就可以關火了，千萬不要加熱至沸騰。

日本柚子奶油

9 借助打蛋器將全蛋和蛋黃攪拌均勻；單柄鍋中倒入日本柚子果泥、細砂糖和攪拌好的蛋液，加熱至微沸；加入泡好水的吉利丁混合物，攪拌至化開。

10 加入可可脂，攪拌使其乳化。

11 加入涼的奶油，用均質機均質乳化。將均質好的混合物倒入盆中，用保鮮膜貼面包裹，放入冰箱冷藏（4℃）保存。

小貼士

橙子皮焯水的過程是非常重要的，焯水可以去除橙子皮中的苦味，確保煮橙子皮的水不再是黃色時才能使用。

日本柚子橙子果醬

12 將橙子皮屑放入裝有冷水的單柄鍋中，加熱至沸騰3～4分鐘，過濾。同樣的步驟重複2遍，過篩濾掉水後切碎取出所需重量。用小刀去除橙子的白色皮部分，借助鋒利的小刀取出所需重量的橙子果肉。在單柄鍋中倒入橙子果肉、椰子果泥、日本柚子果泥、焯過水並切碎的橙子皮屑，加熱至35～40℃。將過篩後的NH果膠粉和細砂糖攪拌均勻，倒入單柄鍋中（混合物溫度保持在35～40℃）。

13 加熱至沸騰，加入泡好水的吉利丁混合物，攪拌至化開。

14 將混合物稍微均質，不要將果肉全部打碎。倒入盆中，用保鮮膜貼面包裹，放入冰箱冷藏（4℃）備用。

小貼士

加熱鮮奶油A時不需要加熱至沸騰，沸騰後會使鮮奶油內的水分變少而使配方比例出現錯誤，將鮮奶油A加熱至80℃，這個溫度足夠使吉利丁混合物和巧克力化開。另外，如果鮮奶油B的溫度過高，倒在斑斕粉上可能會導致斑斕粉燙熟變色。

斑斕打發甘納許

15 單柄鍋中加入鮮奶油A，加熱至80℃；加入泡好水的吉利丁混合物，攪拌至化開。

16 倒在白巧克力和斑斕粉上，用均質機均質乳化。

17 加入4℃的鮮奶油B，再次均質。將混合物過篩後倒入盆中，用保鮮膜貼面包裹，放入冰箱冷藏（4℃）至少12小時。

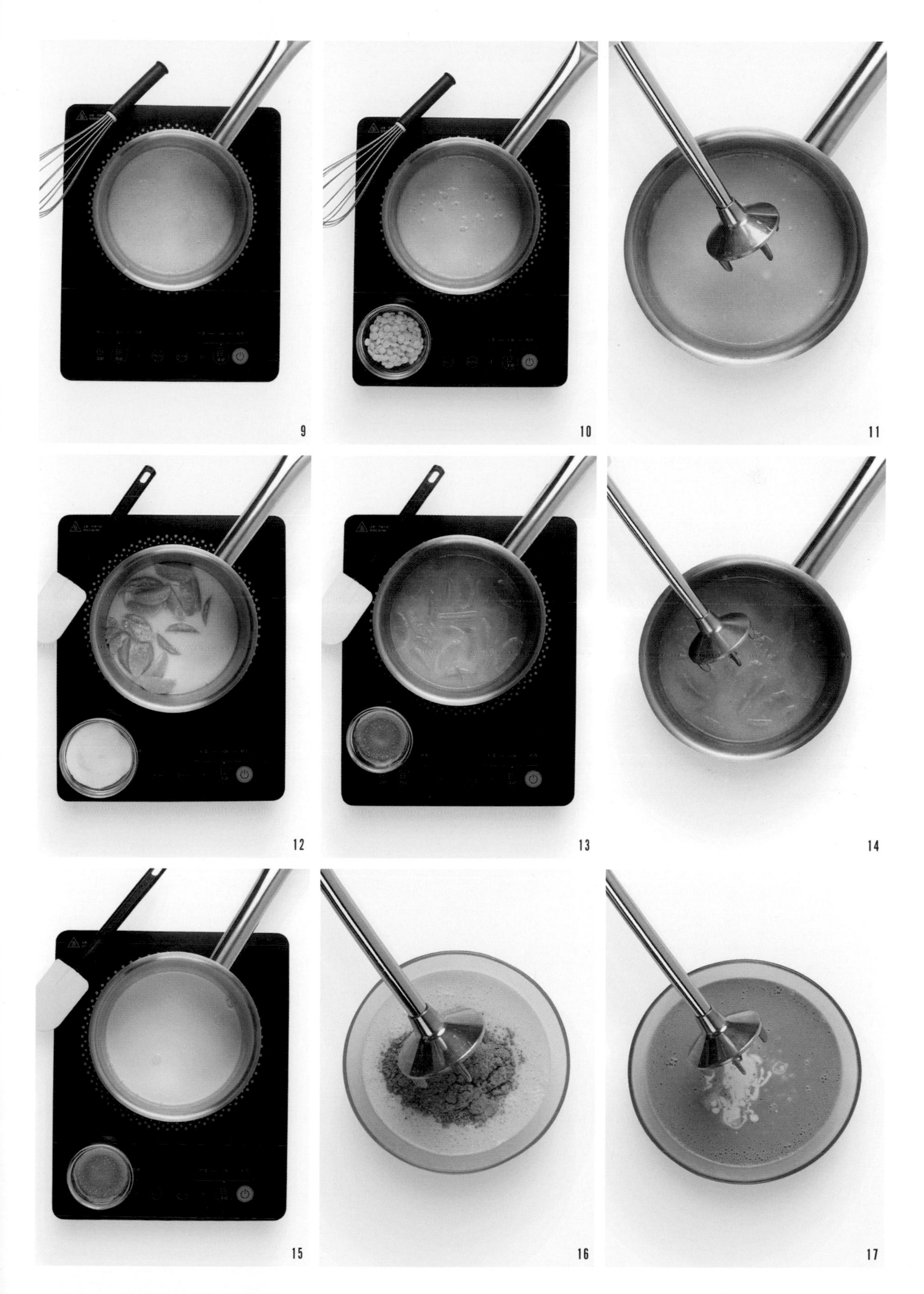
9
10
11
12
13
14
15
16
17

小貼士

蛋糕體烤好之後，需要馬上翻轉放在網架上，這樣可以保留住內部的水分。蛋糕體的口感是否柔軟和濕潤就取決於此。

斑斕杏仁蛋糕體

18 50%杏仁膏和全蛋需要在常溫時使用。將50%杏仁膏和全蛋倒入調理機中，一起攪打至杏仁膏與全蛋液完全融合均勻後倒入放有打蛋器的攪拌缸中，將混合物打發至飄帶狀。

19 將蛋白倒入盆中，手動打發至慕斯狀（鷹鉤狀）。

20 將打發好的蛋白用軟刮刀輕柔地拌入步驟18的混合物中。奶油融化至50℃，與60%君度酒混合攪拌均勻。

21 將麵包粉、泡打粉和斑斕粉過篩後輕輕地拌入混合物中，攪拌均勻。

22 取少量混合物放入奶油和60%君度酒的混合物中攪拌均勻；然後倒回缸中攪拌均勻。

23 倒入放有烘焙油布的烤盤（長60公分、寬40公分），借助彎抹刀將蛋糕麵糊均勻地平鋪在烤盤內，放入烤箱，165℃烤10～12分鐘。烤好後蓋上一層烘焙油布，翻轉放在網架上。

蛋奶液

24 將蛋黃和鮮奶油混合。

25 攪拌均勻後過篩，製成蛋奶液。

18
19
20
21
22-1
22-2
23
24
25

小貼士

鮮奶油除了用噴砂機噴灑以外也可以用毛刷刷在塔底，分次少量地將蛋奶油均勻地刷上即可。

組合與裝飾

26 取來步驟6的塔殼，將蛋奶液用噴砂的方式噴在塔殼的表面。

27 放入烤箱150℃烤約5分鐘。烤至漂亮的焦糖色後取出放涼，放在避潮的地方保存。

28 借助打蛋器將日本柚子橙子果醬和日本柚子奶油攪打細膩後分別裝入放有直徑8公厘（mm）擠花嘴的擠花袋中。將斑斕杏仁蛋糕體用直徑5.5公分的圓形切模切出形狀。

29 將日本柚子橙子果醬擠入步驟27的塔殼內。

30 再擠上日本柚子奶油。

31 將斑斕打發甘納許打發成慕斯狀。借助小彎抹刀將斑斕打發甘納許抹至齊平於塔殼的高度。

32 將切割好的斑斕杏仁蛋糕體放在表面。

33 借助聖多形狀的擠花嘴（SN7024）將斑斕打發甘納許Z字形擠在斑斕杏仁蛋糕體上，放入-18℃的環境中冷凍約30分鐘。

34 融化鏡面果膠至45～50℃。使用噴砂機將融化好的鏡面果膠噴在塔的表面，放回冰箱冷藏30分鐘。

35 取出後放上小紫蘇葉、薄荷葉和豌豆葉裝飾即可。

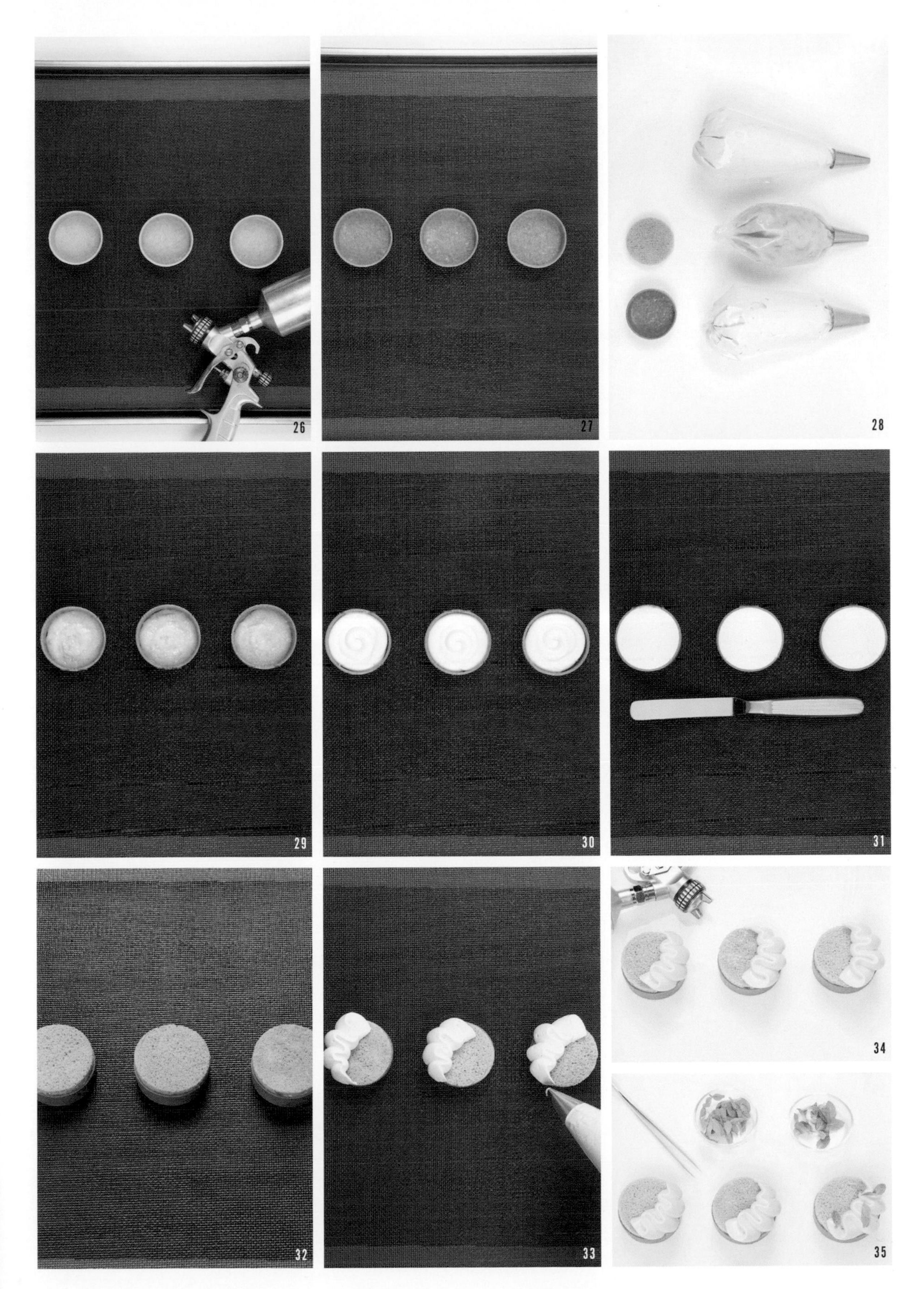
26
27
28
29
30
31
32
33
34
35

肉桂焦糖西布斯特塔

材料（可製作3個直徑12公分的成品）

蘋果酒核桃比斯基

全脂牛奶　50.8克
肯迪雅乳酸發酵奶油　279.4克
糖粉　76.2克
黃糖　76.2克
杏仁粉　140.4克
核桃　200克
香草液　25.4克
葡萄籽油　50.8克
蘋果酒　78.4克
蛋黃　122克
全蛋　70克
王后T55傳統法式麵包粉　163克
泡打粉　7.8克
蛋白　182.8克
細砂糖　76.2克

焦糖肉桂西布斯特奶油

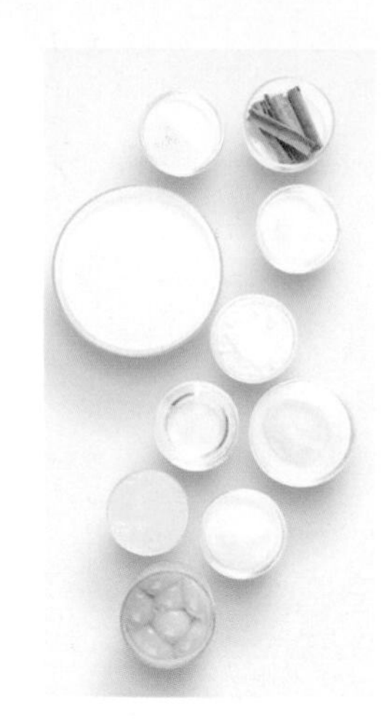

細砂糖A　50克
肉桂棒　10克
全脂牛奶　400克
蛋黃　120克
細砂糖B　30克
玉米澱粉　30克
吉利丁混合物　56克
（或8克200凝固值吉利丁粉+48克泡吉利丁粉的水）
蛋白　240克
細砂糖C　40克

蛋奶液

配方見P190

杏仁沙布列

配方見P190

蘋果白蘭地焦糖

配方見P42

裝飾

肉桂棒狀柯氏43%牛奶巧克力飾件
黃糖

製作方法

小貼士

卡士達醬煮好後需用保鮮膜貼面包裹，以防止醬的表面乾掉。

蘋果酒核桃比斯基

1 將糖粉、杏仁粉和核桃使用料理機打成粉狀備用。將奶油放入攪拌機的缸中，用平攪拌槳攪拌至變成奶油狀。

2 加入步驟1的粉狀混合物和黃糖，攪拌的同時慢慢加入葡萄籽油、蛋黃和全蛋（所有原材料需要在常溫）；加入過篩的麵包粉和泡打粉，攪拌均勻；將全脂牛奶、香草液和蘋果酒混合拌勻後加入，攪拌均勻。

3 在另一個攪拌機的缸中放入蛋白和細砂糖，用打蛋器打發成蛋白霜；倒入步驟2的麵糊，用軟刮刀翻拌均勻。

4 倒入長60公分、寬40公分的烤盤中，用彎抹刀抹平整，放入旋風烤箱，170℃烤15～20分鐘。烤好後蓋上烘焙油布，翻轉放在網架上。

焦糖肉桂西布斯特奶油

5 在單柄鍋中用細砂糖A和肉桂棒煮成乾焦糖；在另一個單柄鍋中倒入全脂牛奶，加熱至沸騰後分次倒入乾焦糖中，攪拌均勻。過篩後取出400克。

6 在盆中將玉米澱粉和細砂糖B混合，攪拌均勻，加入蛋黃繼續攪拌；倒入一半步驟5的液體，攪拌均勻後倒回步驟5的鍋中。

7 慢慢加熱至沸騰變稠，加入泡好水的吉利丁混合物，攪拌至化開，均質後倒入盆中。

8 在攪拌機的缸中倒入蛋白和細砂糖C，用打蛋器打發至慕斯狀。往步驟7的盆中分兩次加入打發蛋白，攪拌均勻後加入剩下的部分，用軟刮刀攪拌均勻。

組合與裝飾

9 取出烤好並噴上蛋奶液的塔底（做法參考斑斕日本柚子小塔，模具改為直徑12公分的塔圈）放置；將蘋果白蘭地焦糖攪拌；蘋果酒核桃比斯基切割成直徑10公分的圓形。

10 在塔底內放入高3公分的慕斯圍邊，擠入80克蘋果白蘭地焦糖，用勺子抹平整後放入一片蘋果酒核桃比斯基。

11 將焦糖肉桂西布斯特奶油放入擠花袋中，並將其擠入蘋果酒核桃比斯基和慕斯圍邊中間的空隙部位，用彎抹刀抹平整後放入-38℃的環境中冷凍1小時。

12 去掉慕斯圍邊後再次將其放入冰箱冷藏（4℃）1小時，撒上黃糖，用火槍將黃糖燒至焦糖狀。最後放入一個肉桂棒狀柯氏43%牛奶巧克力飾件裝飾即可。

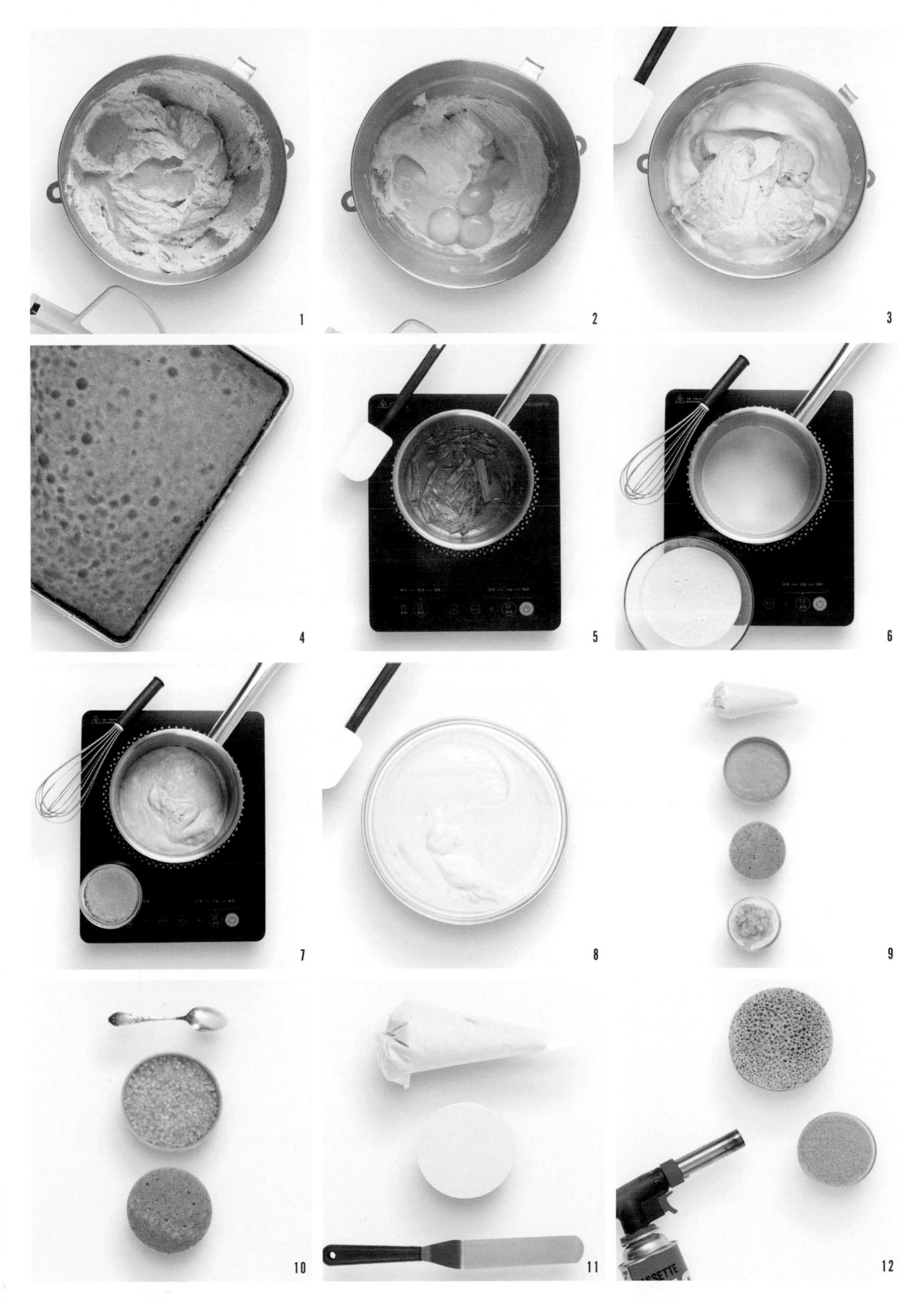
1
2
3
4
5
6
7
8
9
10
11
12

香橙胡蘿蔔榛子塔

材料（可製作6個）

杏仁沙布列
配方見P190

蛋奶液
配方見P190

胡蘿蔔奶油

肯迪雅鮮奶油　200克
鮮榨胡蘿蔔汁　65克
香草莢　1根
蛋黃　60克
黃糖　25克

胡蘿蔔蛋糕

蛋黃　125克
細砂糖A　75克
轉化糖漿　25克
蛋白　325克
細砂糖B　100克
榛子粉　150克
杏仁粉　150克
烘烤榛子碎　50克
胡蘿蔔屑　225克
寶茸胡蘿蔔果泥　100克
王后T55傳統法式麵包粉　125克
馬鈴薯澱粉　50克
泡打粉　12.5克
細鹽　1克
橙子皮屑　6克

60%肉桂帕林內
60%榛子帕林內（見P34）450.5克
肉桂粉 1克

香橙果糊

橙子果肉　104克
寶茸百香果果泥　52克
細砂糖　52克
NH 果膠粉　3.4克
水煮過的橙子皮　2克
吉利丁混合物　21克
（或3克200凝固值吉利丁粉+18克泡吉利丁粉的水）

香橙胡蘿蔔
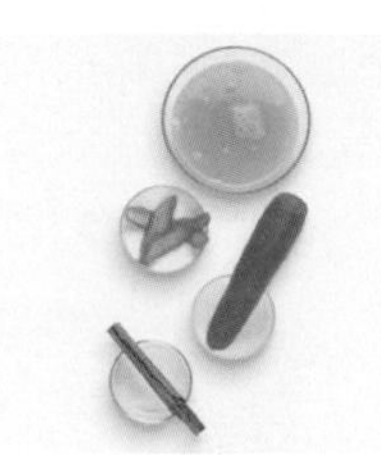

鮮榨橙汁　500克
胡蘿蔔　150克
肉桂棒　1根
橙子皮屑　3克

裝飾
鏡面果膠（配方見P190）
薄荷葉
榛子
香草白巧克力圈
橙子果肉

製作方法

胡蘿蔔蛋糕

1 在攪拌機的缸中放入蛋黃、細鹽、細砂糖A和轉化糖漿，用打蛋器打發成慕斯狀；放入胡蘿蔔果泥，攪拌均勻。

2 在另一個攪拌機的缸中放入蛋白和細砂糖B，用打蛋器打發成法式蛋白霜後輕輕拌入步驟1的材料中，用軟刮刀翻拌均勻。

3 加入過篩後的榛子粉、杏仁粉、麵包粉和泡打粉，攪拌均勻。

4 加入胡蘿蔔屑、橙子皮屑和烘烤榛子碎，攪拌均勻。

5 倒入長60公分、寬40公分的烤盤中，用彎抹刀抹平整後放入旋風烤箱，170℃烤15～20分鐘，烤好後蓋一張烘焙油布，翻轉放在網架上備用。

胡蘿蔔奶油

6 在單柄鍋中放入鮮榨胡蘿蔔汁和香草莢，加熱至沸騰，加入冷的鮮奶油、蛋黃和黃糖，用均質機均質乳化。

7 將混合物過篩，在直徑10公分、高2公分的矽膠模具中倒入100克，放入旋風烤箱，90℃烤1小時20分鐘～1小時30分鐘。出爐後晃動模具，檢查中間部分是否還有流動性，如果沒有，說明已經烤熟，放在網架上降溫，然後放入冰箱冷凍1小時。

香橙胡蘿蔔

8 將胡蘿蔔用刨皮器刨成薄片後放入塑封袋中。

9 加入橙子皮屑、肉桂棒和鮮榨橙汁，塑封後放入旋風烤箱，90℃烘烤2小時，取出後放入冰箱冷藏（4℃）12小時。使用前過篩取出胡蘿蔔。

香橙果糊

10 在單柄鍋中放入橙子果肉、百香果果泥和水煮過的橙子皮，加熱至35～40℃；加入NH果膠粉和細砂糖的混合物，加熱至沸騰。

11 離火，加入泡好水的吉利丁混合物，攪拌至化開。

12 稍微均質後放入盆中，用保鮮膜貼面包裹，放入冰箱冷藏（4℃）12小時。

組合與裝飾

13 取出烤好並噴上蛋奶液的塔底（做法參照斑斕日本柚子小塔，模具改為直徑12公分的塔圈）；將香橙果糊攪拌成奶油狀；將胡蘿蔔奶油脫模；將胡蘿蔔蛋糕切成1公分見方的小丁；將60%肉桂帕林內（將60%榛子帕林內與肉桂粉混合拌勻即可）放入擠花袋中；將香橙胡蘿蔔鬆鬆地捲起來。

14 將高2公分的香草白巧克力圈放在塔殼內，擠入香橙果糊。

15 放上脫模的胡蘿蔔奶油，在胡蘿蔔奶油和香草白巧克力圈中間擠入60%肉桂帕林內，放入胡蘿蔔蛋糕。

16 放入橙子果肉和捲起來的胡蘿蔔捲，最後放上榛子並擠入60%肉桂帕林內。

17 融化鏡面果膠至50℃，噴在蛋糕表面。

18 最後放上薄荷葉裝飾即可。

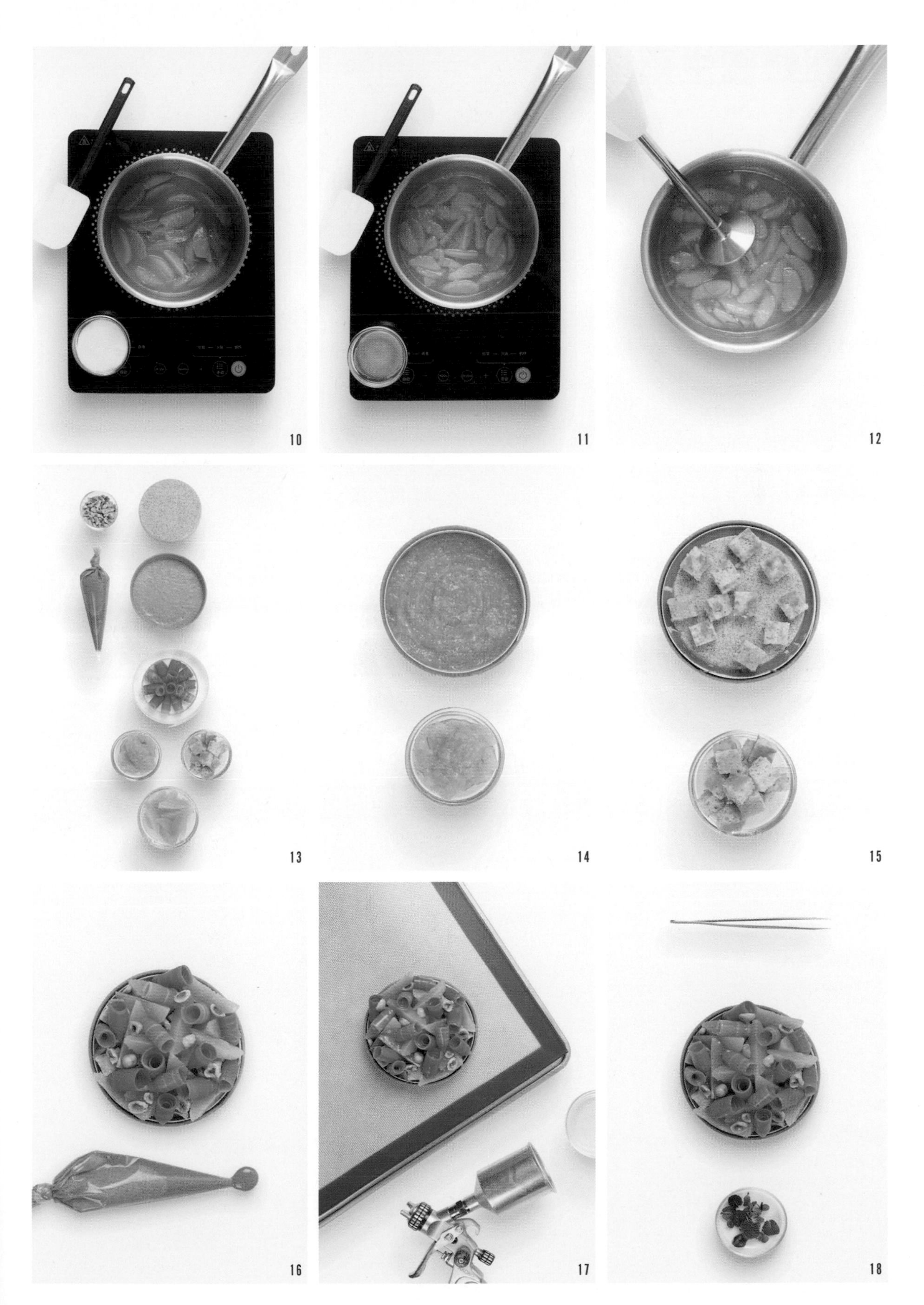

香梨蜂蜜生薑塔

材料（可製作2個直徑15公分、高2.5公分的成品）

竹炭杏仁沙布列

肯迪雅乳酸發酵奶油　100克
細鹽　1.7克
糖粉　50克
杏仁粉　50克
王后T55傳統法式麵包粉　200克
竹炭粉　2克
全蛋　41.7克

生薑比斯基

蛋黃　117克
細砂糖A　59克
葡萄籽油　59克
鮮榨生薑汁　75克
王后T65經典法式麵包粉　157克
蛋白　313克
細砂糖B　117克

蜂蜜糖水梨

水　333克
蜂蜜　133克
碳酸氫鈉　1克
威廉姆梨酒　127克
威廉姆梨　200克

蜂蜜檸檬果凍

鮮榨黃檸檬汁　180克
奶粉　10克
水　70克
蜂蜜　100克
細砂糖　15克
瓊脂粉　3克
結蘭膠　1.5克

蜂蜜打發甘納許

肯迪雅鮮奶油A　70克
蜂蜜　30克
吉利丁混合物　10.5克
（或1.5克200凝固值吉利丁粉+9克泡吉利丁粉的水）
可可脂　20克
肯迪雅鮮奶油B　175克

蜂蜜魚子醬

蜂蜜　168克
焦糖粉　35克
水　78克
鮮榨檸檬汁　14克
瓊脂粉　2.2克
吉利丁混合物　12.6克
（或1.8克200凝固值吉利丁粉+10.8克泡吉利丁粉的水）
葡萄籽油　適量

裝飾

黃色巧克力圈

製作方法

竹炭杏仁沙布列

1 所有材料都需要保持在4℃，此溫度為冰箱冷藏溫度。在調理機中放入所有乾性材料和切成小顆粒的奶油，攪打成無奶油的沙礫狀。加入打散的全蛋，再次攪拌至麵團成團後倒出，用手掌稍微碾壓。將碾壓好的麵團整成方形，用保鮮膜包裹，放入冰箱冷藏（4℃）至少12小時。

2 在直徑15公分、高2公分的塔圈內抹一層薄薄的奶油，並將麵團壓成3公厘（mm）厚，放入冰箱冷藏1小時，取出用模具切割出塔底和塔圈一樣大小的兩張麵皮，並嵌入塔圈內，放入旋風烤箱，150℃烤20～25分鐘。在其中一張麵皮上用模具切割出形狀。烤好後脫模。

生薑比斯基

3 在攪拌機的缸中放入蛋黃和細砂糖A，用打蛋器打發成慕斯狀。在另一個攪拌機的缸中放入蛋白和細砂糖B，用打蛋器打發成鷹嘴狀。輕柔地將兩個缸中的材料用軟刮刀翻拌均勻，加入過篩的麵包粉。

4 在盆中將葡萄籽油與鮮榨生薑汁混合攪拌均勻，拌入一小部分步驟3的混合物 ，攪拌均勻後倒回步驟3的容器中攪拌。

5 倒入放有烘焙油布的烤盤中，用彎抹刀抹平整後放入旋風烤箱，190℃烤7～8分鐘，烤好後蓋上一張烘焙油布，翻轉放在網架上。

蜂蜜糖水梨

6 在單柄鍋中放入水、蜂蜜和碳酸氫鈉，加熱至沸騰後放入冰箱，降溫至4℃後加入威廉姆梨酒。用切片器將威廉姆梨切割成2公厘（mm）厚的片狀，放入塑封袋中加入剛剛的糖水。將袋子密封後放入冰箱冷藏（4℃）12小時，使用時先濾掉水分。

蜂蜜魚子醬

7 將水、鮮榨檸檬汁、蜂蜜放入單柄鍋中，加入焦糖粉和瓊脂粉的混合物，攪拌均勻後加熱至沸騰；趁熱加入泡好水的吉利丁混合物，降溫至50～60℃。

8 將降溫好的混合物放入滴管中，一滴一滴地擠在冰箱冷藏（4℃）了2～3小時的葡萄籽油中。

9 全部擠完後將葡萄籽油連帶裏面的蜂蜜魚子醬放入冰箱冷藏（4℃）至少1小時。取出後過篩，放入水中，再次放入冰箱冷藏（4℃）。

蜂蜜檸檬果凍

10 在單柄鍋中放入水、蜂蜜、鮮榨黃檸檬汁和奶粉，加入細砂糖、瓊脂和結蘭膠並加熱至沸騰。倒入盆中，用保鮮膜貼面包裹，放入冰箱冷藏（4℃）3小時。果凍凝固後，取出倒入盆中，用均質機攪打成奶油狀的果凍，放回冰箱保存備用。

蜂蜜打發甘納許

11 在單柄鍋中放入鮮奶油A、蜂蜜，一起加熱至70～80℃，加入泡好水的吉利丁混合物，攪拌至完全化開，加可可脂。用手持均質機均質乳化後加入鮮奶油B，再次均質乳化。過篩倒入盆中，用保鮮膜貼面包裹，放入冰箱冷藏（4℃）至少12小時。使用時，先放入攪拌機的缸中打發。

組合與裝飾

12 切割2片圓形的生薑比斯基；在一片生薑比斯基上將蜂蜜糖水梨擺成玫瑰花狀，放入冰箱冷凍；在第二片生薑比斯基上抹上薄薄一層蜂蜜檸檬果凍。

13 在步驟2有鏤空圖案的塔底上放入抹有蜂蜜檸檬果凍的生薑比斯基。

14 將蜂蜜打發甘納許放入裝有直徑1公分擠花嘴的擠花袋中，將其畫圈擠在抹有蜂蜜檸檬果凍的生薑比斯基上。

15 放入濾過水的蜂蜜魚子醬。

16 將步驟12放有蜂蜜糖水梨的生薑比斯基反過來疊放上。

17 翻轉過來放在步驟2烤好的沒有鏤空圖案的塔底上。

18 最後在洞內放入蜂蜜魚子醬，沿塔圈邊圍上黃色巧克力圈即可。

10
11
12
13
14
15
16
17
18

藍莓烤布蕾小塔

材料（可製作24個直徑6公分的成品）

杏仁沙布列
配方見P190

蛋奶液
配方見P190

焦糖餅乾麵團

肯迪雅乳酸發酵奶油　109.3克
糖粉　70.5克
榛子粉　21.9克
細鹽　1克
全蛋　42.3克
王后T55傳統法式麵包粉　182.2克
馬鈴薯澱粉　58.3克
肉桂粉　14.6克

重組焦糖餅乾沙布列

焦糖餅乾碎　100克
焦糖餅乾麵團（見上方）　100克
杏仁沙布列（見上方）　150克
60%榛子帕林內（見P34）　133克
可可脂　40克

藍莓果糊

冷凍藍莓　543克
細砂糖　54克
NH果膠粉　2克

基礎烤布蕾

肯迪雅鮮奶油　450克
全脂牛奶　75克
香草莢　1根
蛋黃　120克
黃糖　50克

烤布蕾慕斯

基礎烤布蕾（見左側）　600克
吉利丁混合物　84克
（或12克200凝固值吉利丁粉+72克泡吉利丁粉的水）
蛋白　40克
葡萄糖粉　60克
肯迪雅鮮奶油　400克

黑加侖慕斯果凍

吉利丁混合物　102.9克
（或14.7克200凝固值吉利丁粉+88.2克泡吉利丁粉的水）
細砂糖　115克
水　135克
黑加侖酒　125克
寶茸黑加侖果泥　145克
生薑汁　2克

裝飾
鏡面果膠（配方見P190）
青檸檬皮屑
薄荷葉

製作方法

小貼士

如果時間允許，可以在烤製前將混合液放入冰箱冷藏24小時，這樣可以增加風味。

基礎烤布蕾

1 在單柄鍋中加入黃糖（預留少許）、全脂牛奶和香草莢，加熱至沸騰後加入蛋黃和冷的鮮奶油，使用均質機均質乳化細膩後過篩至盆中。放入旋風烤箱，90℃烤1小時13分鐘～2小時，取出後晃動烤盤檢查是否具有流動性，如果沒有說明已經烤好，放在常溫環境稍作降溫後轉入冰箱冷藏（4℃）12小時。撒上黃糖後用火槍將其燒至焦糖色。

黑加侖慕斯果凍

2 在單柄鍋中放入水和細砂糖，一起慢慢加熱至沸騰。離火，加入泡好水的吉利丁混合物，攪拌至化開。加入黑加侖果泥，用打蛋器攪拌至化開，加入黑加侖酒和生薑汁。攪拌均勻後倒入盆中，用保鮮膜貼面包裹，放入冰箱冷藏（4℃）12小時。

3 將步驟2冷藏好的果凍放入攪拌機的缸中，用打蛋器打發。

4 放入高3公分的方形慕斯模具中，用彎抹刀抹平整後放入-38℃的環境中急速冷凍。

5 脫模後用刀切割成3.5公分見方的小塊後再次冷凍。

烤布蕾慕斯

6 將鮮奶油放入攪拌機的缸中，用打蛋器打發後放入冰箱冷藏備用。在另一個攪拌機的缸中放入蛋白和葡萄糖粉，隔水加熱至55～60℃後將其中速打發成瑞士蛋白霜，在30℃左右時停下。

7 將基礎烤布蕾均質至沒有焦糖顆粒（30℃），放入融化至45～50℃的吉利丁混合物；加入打發好的瑞士蛋白霜，攪拌均勻。

8 加入一半的打發鮮奶油，攪拌均勻。

9 加入剩下的打發鮮奶油，攪拌均勻後馬上使用。

1
2
3
4
5
6
7
8
9

焦糖餅乾麵團

10 將所有粉類和奶油一起放入攪拌機的缸中，用平攪拌槳攪拌成沙礫狀；當看不到奶油狀質地的時候加入全蛋液，繼續攪拌至麵團出現。將麵團壓過刨絲器，放入旋風烤箱，150℃烤20～25分鐘，放在避潮的地方保存。

重組焦糖餅乾沙布列

11 在攪拌機的缸中放入焦糖餅乾碎、烤熟的焦糖餅乾麵團、杏仁沙布列，攪拌至混合均勻。加入融化至50℃的可可脂和60%榛子帕林內，再次攪拌均勻。

藍莓果糊

12 將冷凍藍莓放入單柄鍋中，慢慢加熱至40℃，放入混合好的細砂糖和NH果膠粉，加熱至沸騰後倒入盆中。用保鮮膜貼面包裹，放入冰箱冷藏（4℃）12小時。

組合與裝飾

13 取出已經噴砂過蛋奶液的直徑6公分的小塔塔底（做法參考斑斕日本柚子小塔，塔圈直徑6公分）。借助小勺子放入8克重組焦糖餅乾沙布列，用勺子壓平整。
14 在重組焦糖餅乾沙布列上放8克藍莓果糊，抹平整後放入冰箱冷凍。
15 擠入烤布蕾慕斯，借助小彎抹刀將其抹平整後再次冷凍30分鐘。
16 放上切成小塊的黑加侖慕斯果凍。
17 融化鏡面果膠至50℃，用噴砂機將其均勻地噴在塔的表面，放入冰箱冷藏（4℃）1小時。
18 用青檸檬皮屑和薄荷葉裝飾即可。

10
11
12
13
14
15
16
17
18

檸檬塔

杏仁沙布列
配方見P190

開心果酥脆

開心果膏　15克
杏仁堅果醬　87克
開心果碎　120克
薄脆　37.5克
鹽之花　0.75克
可可脂　22.5克

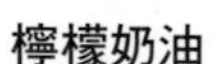

檸檬奶油

鮮榨黃檸檬汁　75克
鮮榨青檸檬汁　14克
寶茸日本柚子果泥　12.5克
細砂糖　94克
全蛋　67.5克
蛋黃　45克
肯迪雅布列塔尼奶油片　125克
可可脂　55克
吉利丁混合物　24.5克
（或3.5克200凝固值吉利丁粉+21克泡吉利丁粉的水）

法式蛋白霜

蛋白　80克
細砂糖　80克
糖粉　80克

裝飾
鏡面果膠（配方見P190）
開心果粒

製作方法

杏仁沙布列

1 將製作好的杏仁沙布列擀成3公厘（mm）厚，放入冰箱冷藏冷卻。用直徑8公分的刻模刻出形狀，放在兩張帶孔矽膠烤墊中間。放入旋風烤箱，150℃烤20分鐘。

法式蛋白霜

2 攪拌缸中加入蛋白和一半的細砂糖，使用打蛋器打發至表面出現大大小小的氣泡眼，加入剩餘的細砂糖，繼續打發至中性發泡；加入過篩後的糖粉，用刮刀翻拌均勻。

3 將打發好的蛋白霜放入裝有直徑1.8公分擠花嘴的擠花袋中。將蛋白霜擠在烤盤上，放入旋風烤箱，70℃烤1小時。

開心果酥脆

4 盆中放入可可脂、鹽之花、開心果膏和杏仁堅果醬，隔水加熱至化開並拌勻。加入開心果碎和薄脆，拌勻。擀成3公厘（mm）厚，放入冰箱冷凍，取出使用直徑6公分的刻模刻出形狀。

檸檬奶油

5 盆中放入全蛋、蛋黃、細砂糖，攪拌均勻。單柄鍋中加入鮮榨黃檸檬汁、鮮榨青檸檬汁、日本柚子果泥，煮沸後沖入拌勻的蛋液中，其間使用打蛋器攪拌，均勻受熱。

6 將步驟5的混合物倒回單柄鍋，中小火加熱至82～85℃。離火，加入泡好水的吉利丁混合物，化開，降溫至45℃左右。沖入裝有奶油和可可脂的盆中，用均質機均質。

組合與裝飾

7 直徑7公分的模具包上保鮮膜，內壁貼上寬1.8公分、長18公分的圍邊紙，放在盤子上；檸檬奶油裝入擠花袋。

8 模具中擠入檸檬奶油。放入開心果酥脆，用彎柄抹刀抹平整，放入冰箱冷凍。

9 烤網架放在玻璃碗上，將步驟8凍硬的檸檬奶油脫模放在烤網架上。淋上化開的鏡面果膠（45℃左右）。蛋糕架上放步驟1的杏仁沙布列，用彎柄抹刀將淋好面的蛋糕放在杏仁沙布列上。

10 蛋糕周圍放步驟3的法式蛋白霜。最後放上開心果粒裝飾即可。

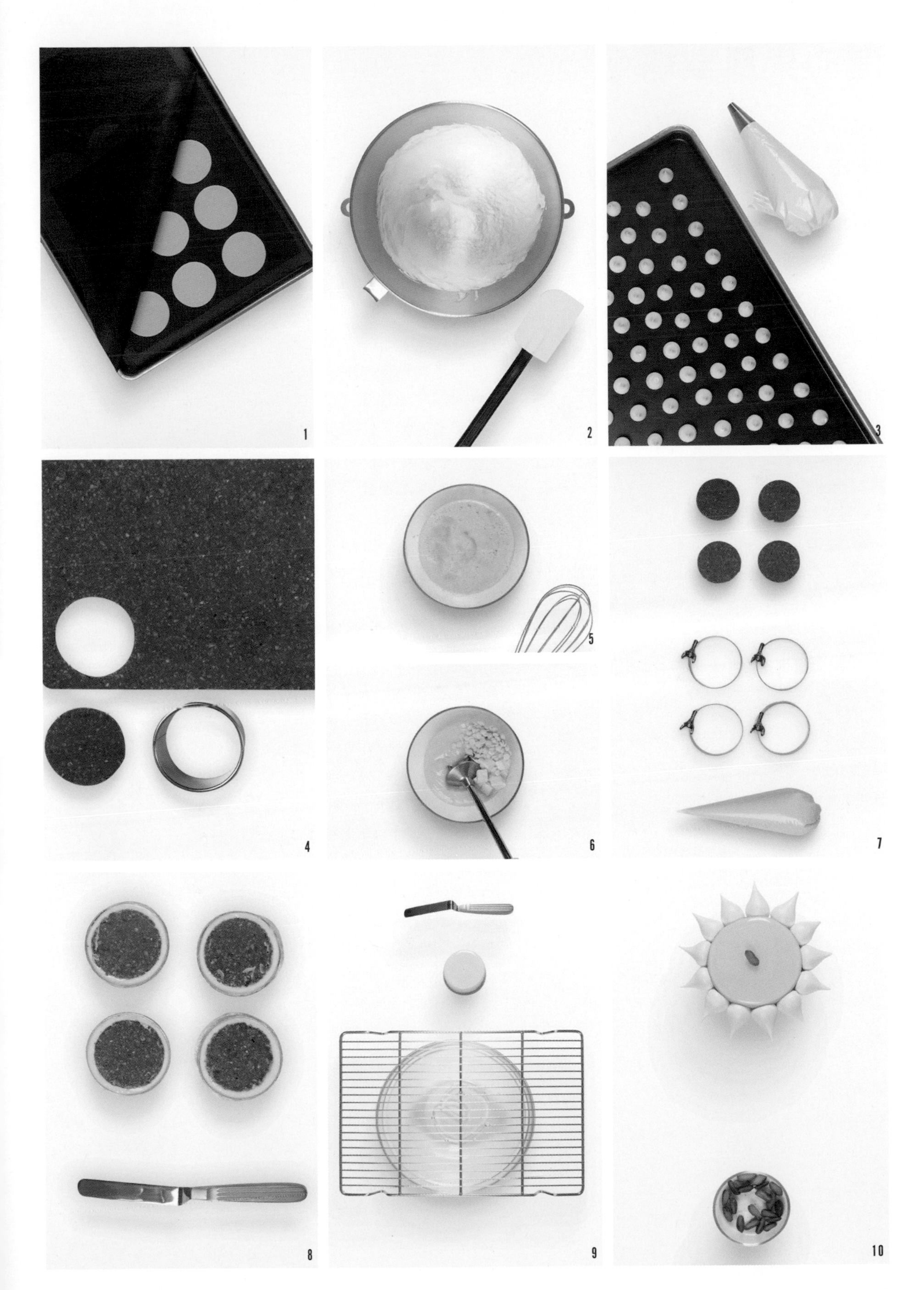
1
2
3
4
5
6
7
8
9
10

開心果鳳梨塔

材料（可製作10個）

開心果塔殼

肯迪雅布列塔尼奶油片　120克
糖粉　86克
杏仁粉　30克
海鹽　2克
王后T45法式糕點粉　200克
全蛋　42克
開心果膏　20克

鳳梨奶油醬

寶茸鳳梨果泥　300克
細砂糖　50克
蛋黃　76　克
吉利丁混合物　35克
（或5克200凝固值吉利丁粉+30克泡吉利丁粉的水）
肯迪雅乳酸發酵奶油　40克

鳳梨夾心

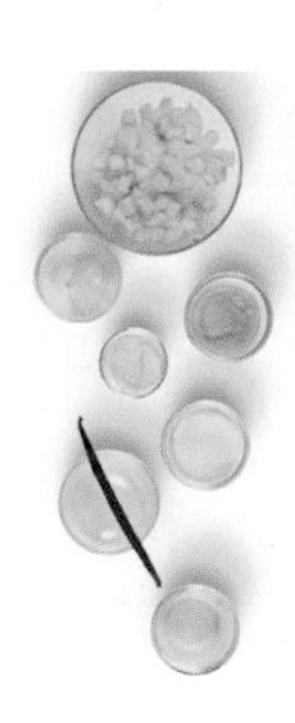

新鮮鳳梨丁　250克
寶茸鳳梨果泥　55克
轉化糖漿　16.6克
香草莢　2/3根
細砂糖　32.5克
NH果膠粉　6.5克
鮮榨黃檸檬汁　5克

喬孔達※杏仁比斯基※

全蛋　166克
杏仁粉　126　克
細砂糖A　126克
蛋白　110克
細砂糖B　17克
王后T45法式糕點粉　32.4克
肯迪雅乳酸發酵奶油　27克

櫻桃酒糖漿

水　60克
細砂糖　30克
櫻桃酒　30克

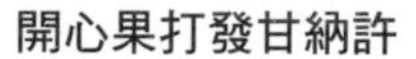

開心果打發甘納許

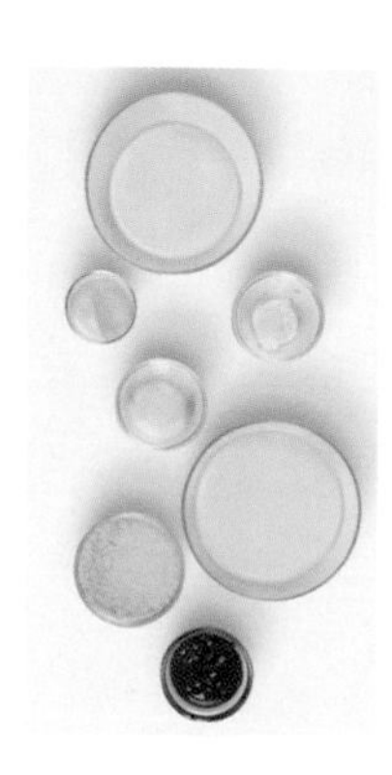

肯迪雅鮮奶油A　150克
葡萄糖漿　10克
吉利丁混合物　18.2克
（或2.6克200凝固值吉利丁粉+15.6克泡吉利丁粉的水）
柯氏白巧克力　80克
肯迪雅鮮奶油B　245克
開心果膏　50克

裝飾

巧克力圍邊
開心果

※喬孔達：即是「杏仁海綿蛋糕」。法語「joconde」，有蒙娜麗莎畫像的意思。

※比斯基：即biscuits。在英語中是「餅乾」的意思，法語則指用「分蛋法做的海綿蛋糕」，迄今已衍生各種不同的作法和配方。在本書中泛指一層薄薄的蛋糕體，有時在底部，有時在中間分層。

製作方法

開心果塔殼

1 攪拌缸中加入切成丁的冷藏奶油、糖粉、杏仁粉、海鹽和糕點粉，用平攪拌槳低速攪拌至類似杏仁粉的狀態，加入全蛋和開心果膏，用平攪拌槳低速攪拌成團。倒在乾淨的桌面上，用半圓刮刀上下碾壓均勻。把麵團揉搓成圓柱狀，放在兩張烘焙油布中間，擀成3公厘（mm）厚，放入冰箱冷藏。參照斑斕日本柚子小塔的步驟製作塔殼。

鳳梨奶油醬

2 蛋黃和細砂糖混合攪拌均勻。單柄鍋加入鳳梨果泥，煮沸後沖入蛋黃液中，使用打蛋器邊倒邊攪拌。混合物倒回單柄鍋，小火加熱至82～85℃。離火，加入泡好水的吉利丁混合物，攪拌至化開。降溫至約45℃，加入軟化至膏狀的奶油，均質後用保鮮膜貼面包裹，放入冰箱冷藏（4℃）凝固。

鳳梨夾心

3 單柄鍋中加入鳳梨丁、鳳梨果泥、轉化糖漿和香草籽，加熱至約45℃；倒入混勻的細砂糖和NH果膠粉，邊倒邊攪拌，煮沸後離火，加入黃檸檬汁，拌勻。用保鮮膜貼面包裹，放入冰箱冷藏（4℃）。

櫻桃酒糖漿

4 單柄鍋中加入水和細砂糖，煮沸，加入櫻桃酒，拌勻。

喬孔達杏仁比斯基

5 攪拌缸加入蛋白和細砂糖B，用打蛋器中速打發至堅挺的鷹鉤狀。另一個攪拌缸加入全蛋、細砂糖A和過篩後的杏仁粉，用打蛋器高速打發至顏色發白、體積膨脹；分次加入打發蛋白，用刮刀拌勻。

6 加入過篩後的糕點粉，用刮刀拌勻。加入融化的奶油（約45℃），用刮刀拌勻。將麵糊倒在鋪有烘焙油布的烤盤上，用彎柄抹刀抹平整。放入旋風烤箱，200℃烤6～8分鐘。出爐後，轉移至網架上，冷卻後用直徑6公分的刻模刻出形狀。刷上櫻桃酒糖漿。

開心果打發甘納許

7 單柄鍋中加入鮮奶油A和葡萄糖漿，加熱至80℃；離火，加入吉利丁混合物，攪拌至化開；沖入白巧克力中，用均質機均質；加入鮮奶油B，用均質機均質；加入開心果膏，用均質機均質。

8 用保鮮膜貼面包裹，冷藏8小時後轉移至攪拌機中，打至八分發，裝入帶有玫瑰擠花嘴的擠花袋中。

組合與裝飾

9 開心果塔殼中填入鳳梨夾心。

10 填入鳳梨奶油醬，用彎柄抹刀抹平整。

11 放上刷好櫻桃酒糖漿的喬孔達杏仁比斯基。將塔放在唱片機上（或蛋糕轉台上），擠上開心果打發甘納許。

12 放上巧克力圍邊，最後用整顆開心果裝飾即可。

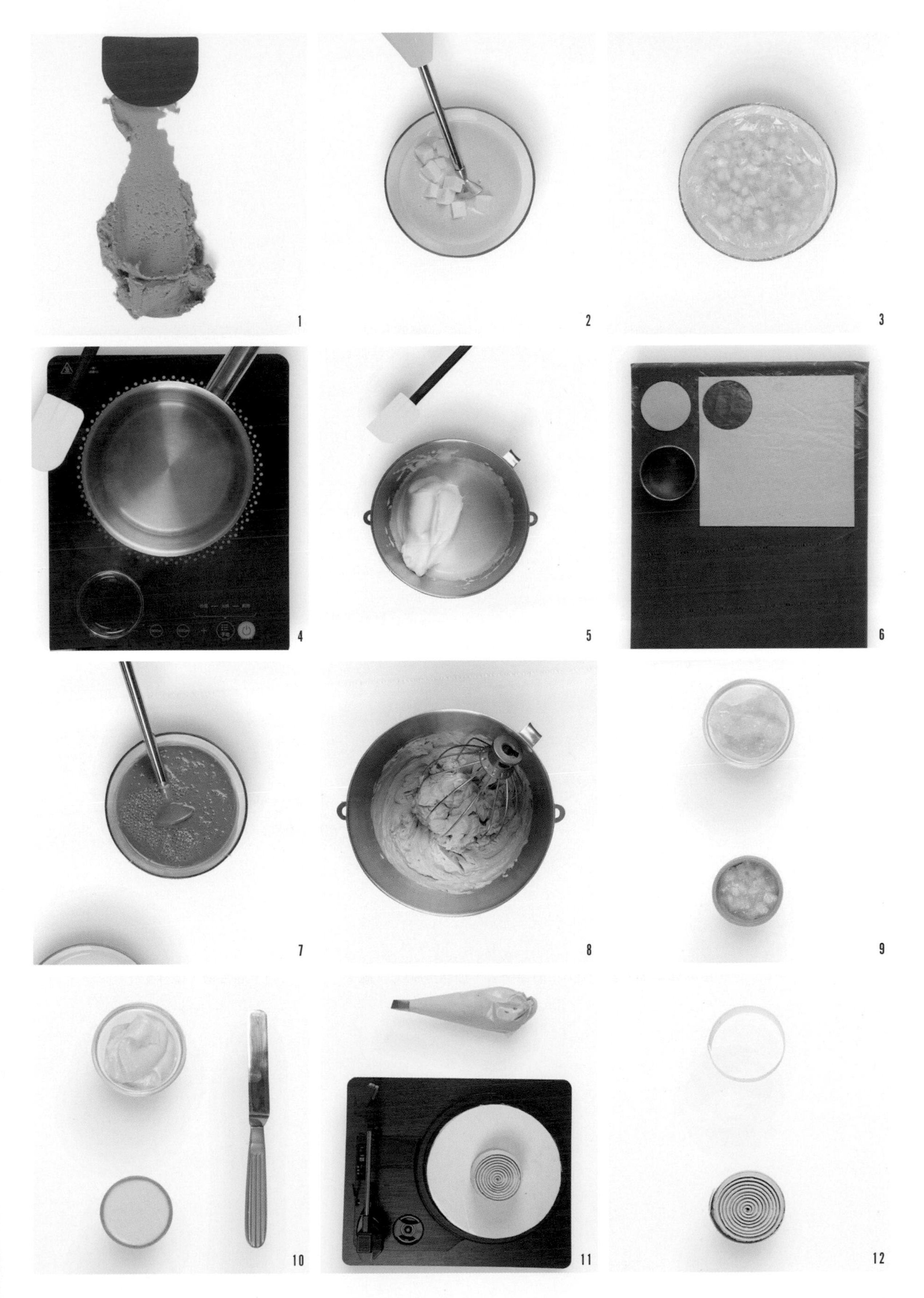
1
2
3
4
5
6
7
8
9
10
11
12

焦糖香橙蜂蜜小塔

材料（可製作10個）

反轉酥皮

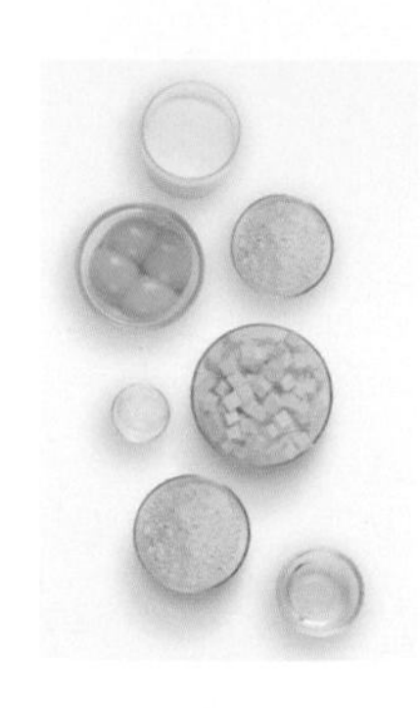

王后T65經典法式麵包粉A　540克
鹽之花　15克
蛋黃　54克
水　180克
肯迪雅鮮奶油　186克
王后T65經典法式麵包粉B　270克
肯迪雅乳酸發酵奶油　750克

基礎香橙卡士達醬

鮮榨橙汁　81克
橙子皮屑　5克
細砂糖　50克
全蛋　54克
蛋黃　36克
肯迪雅乳酸發酵奶油　100克
可可脂　44克
吉利丁混合物　18.9克
（或2.7克200凝固值吉利丁粉+16.2克泡吉利丁粉的水）

香橙輕奶油

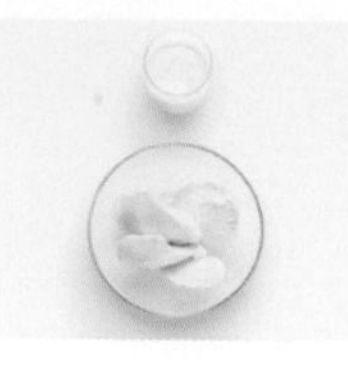

基礎香橙卡士達醬（見左側）200克
肯迪雅鮮奶油　100克

香橙焦糖

細砂糖　163.5克
葡萄糖漿　163.5克
肯迪雅鮮奶油　300克
鮮榨橙汁　141克
橙子皮屑　5克
鹽之花　3.5克
肯迪雅乳酸發酵奶油　135克

蜂蜜魚子醬

配方見P210

製作方法

反轉酥皮

1 麵皮部分。事先將水和鹽之花混合，將蛋黃和鮮奶油混合，然後連同麵包粉A放入攪拌機的缸中。放上攪拌勾，用一號速度攪拌至麵團出現。取出搓成球形，擀成邊長25公分的正方形，用保鮮膜貼面包裹，放入冰箱冷藏（4℃）12小時。

2 油皮部分。在攪拌機的缸中放入奶油和麵包粉B，用平攪拌槳攪拌至麵團出現。將麵團平均分成兩份，分別壓成邊長25公分的正方形，放入冰箱冷藏（4℃）至少12小時。

3 將步驟1的麵皮放在步驟2的兩張油皮中間，用擀麵棍壓成6公厘（mm）厚，然後做一個3折，用保鮮膜包裹，放入冰箱冷藏（4℃）至少2小時。

4 將步驟3重複五次（總共需要折六個3折）。將麵團壓成3公厘（mm）厚，切割成兩片長60公分、寬40公分的麵皮，放在兩張烘焙油紙中間後放置在烤盤上，上方再壓一個烤盤。

5 放入烤箱，165℃上下火烤40～50分鐘。烤好後避潮保存。

基礎香橙卡士達醬

6 將蛋黃和全蛋混合，用打蛋器攪打後倒入單柄鍋中，加入鮮榨橙汁、橙子皮屑和細砂糖，攪拌均勻後加熱至微沸。加入泡好水的吉利丁混合物，攪拌至化開；加入可可脂，均質乳化。加入涼的奶油塊，再次均質乳化後過篩，去除橙子皮屑。倒入盆中，用保鮮膜貼面包裹，放入冰箱冷藏（4℃）。

香橙輕奶油

7 在攪拌機的缸中放入鮮奶油，用打蛋器打發後放入冰箱冷藏（4℃）備用。將基礎香橙卡士達醬過篩，取出需要的重量後用打蛋器攪拌均勻；加入1/4的打發鮮奶油，用打蛋器攪拌均勻後加入剩下的打發鮮奶油，用軟刮刀翻拌均勻。倒入盆中，用保鮮膜貼面包裹，放入冰箱冷藏（4℃）。

香橙焦糖

8 在單柄鍋中倒入鮮奶油和葡萄糖漿，加熱至沸騰。在另一個單柄鍋中倒入鮮榨橙汁和橙子皮屑，加熱至沸騰。在第三個單柄鍋中用細砂糖煮成乾焦糖，加入奶油，攪拌均勻後加入鹽之花以及前兩個單柄鍋中的混合物，再次加熱煮至103～104℃。煮好後用均質機均質乳化，過篩至盆中，用保鮮膜貼面包裹，放入冰箱冷藏（4℃）12小時。

組合與裝飾

9 用鋸齒刀將步驟5烤好的酥皮切割成長5公分、寬2公分的長方形和直徑8公分的圓形。將長5公分、寬2公分的長方形酥皮放入直徑12公分的圓形模具中，再將直徑8公分的圓形酥皮放在中間。

10 擠入香橙輕奶油和香橙焦糖。

11 再次補入香橙輕奶油。

12 最後放上蜂蜜魚子醬即可。

1
2
3
4
5
6
7
8
9
10
11
12

咖啡榛子弗朗

材料（可製作3個直徑12公分、高3.5公分的成品）

弗朗甜酥麵團

肯迪雅乳酸發酵奶油　140克
糖粉　130克
杏仁粉　45克
全蛋　80克
王后T55傳統法式
麵包粉　270克
玉米澱粉　90克
鹽之花　2克

弗朗可可甜酥麵團

肯迪雅乳酸發酵奶油　140克
糖粉　130克
杏仁粉　45克
全蛋　80克
王后T55傳統法式
麵包粉　270克
玉米澱粉　90克
可可粉　20克
鹽之花　2克

咖啡弗朗液

全脂牛奶　630克
咖啡豆　100克
香草莢　2根
黃糖　80克
黑糖　30克
蛋黃　140克
玉米澱粉　54克
肯迪雅鮮奶油　150克
肯迪雅乳酸發酵奶油　90克
鹽之花　2克

60%榛子帕林內

配方見P34

裝飾

鏡面果膠（配方見P190）
榛子屑

製作方法

弗朗甜酥麵團/弗朗可可甜酥麵團

1 將製作弗朗甜酥麵團/弗朗可可甜酥麵團的材料準備好，所有材料必須保持在4℃。在調理機中放入所有乾性原材料和奶油塊，攪打至看不見奶油顆粒，加入打散的全蛋，繼續攪打至麵團出現。倒在桌面上後用手掌稍微按壓混合，放在兩張烘焙油布中間，擀壓成3公厘（mm）厚，放入冰箱冷藏（4℃）12小時。

咖啡弗朗液

2 將製作咖啡弗朗液的材料準備好。將全脂牛奶和咖啡豆混合攪拌後放入冰箱冷藏（4℃）至少12小時，取出後過篩稱取630克。單柄鍋中倒入過濾後的咖啡牛奶和香草籽，加熱至沸騰。在盆中將澱粉、黃糖和黑糖拌勻，加入蛋黃，倒入一半煮沸的香草牛奶混合物，攪拌均勻，再倒回鍋中回煮。確保混合物沸騰黏稠後離火，加入奶油和鹽之花，最後加入冷的鮮奶油，均質細膩後馬上使用。

組合與裝飾

3 往直徑10公分的圓形矽膠模具中倒40克60%榛子帕林內，冷凍後脫模備用。
4 兩種麵團借助模具做出花紋，切割出長35公分、寬3.5公分的長條狀麵皮和直徑11公分的圓形麵皮。
5 將帶孔慕斯圈放在矽膠墊上，將長35公分、寬3.5公分的長條狀麵皮沿著內壁放入，壓緊後放入直徑11公分的圓形麵皮作為底部，將嵌好麵皮的模具冷凍至少1小時。
6 取出後倒入160克咖啡弗朗液，放入凍好脫模的60%榛子帕林內，再蓋上160克咖啡弗朗液。整體放入冰箱冷凍至少12小時，取出放入旋風烤箱，170℃烤45～50分鐘，然後轉190℃烤5～7分鐘至上色，烤好後放涼備用。
7 脫模後在表面抹上加熱至50℃的鏡面果膠，最後用刨絲器刨上榛子屑即可。

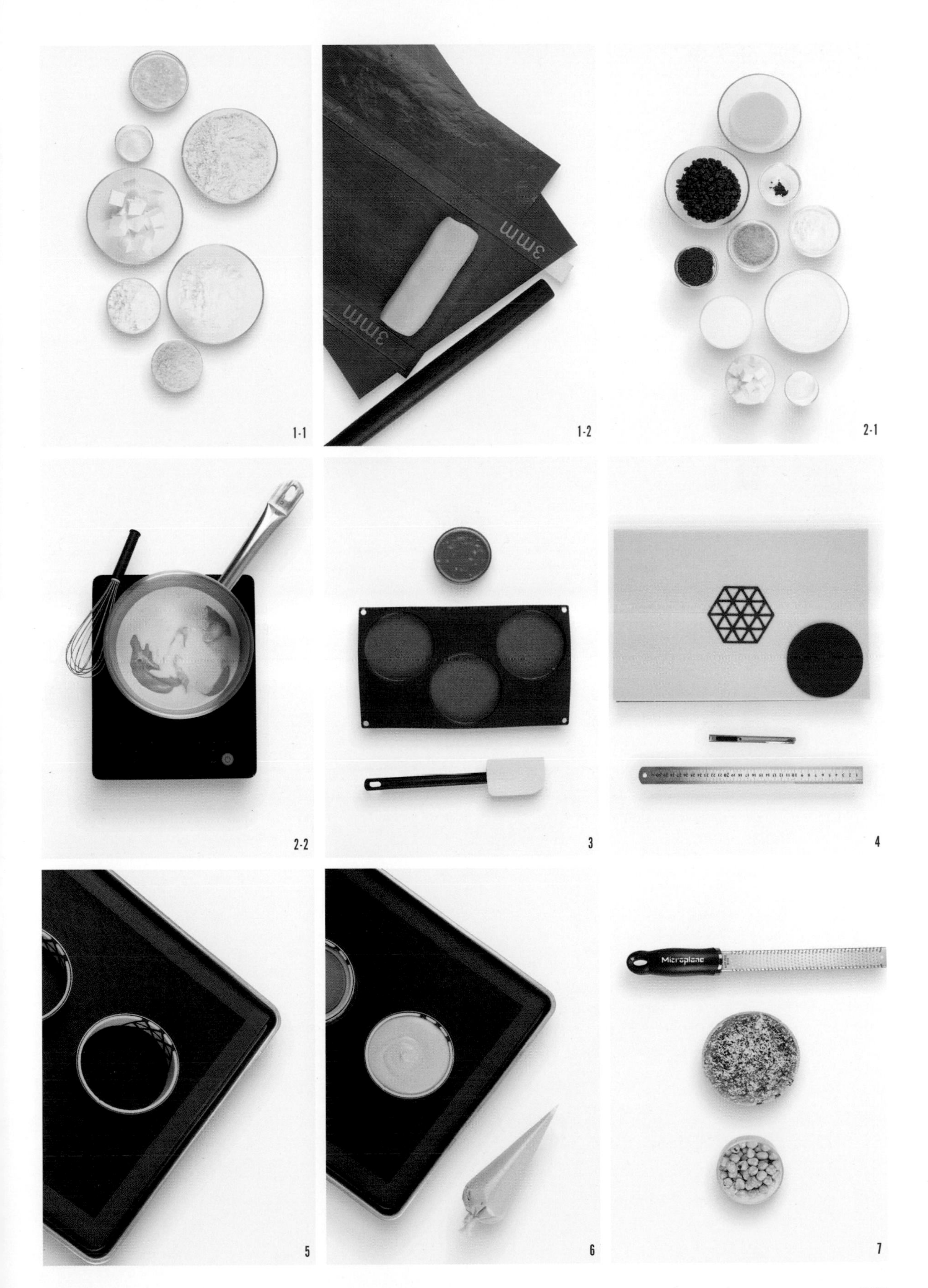
1-1
1-2
2-1
2-2
3
4
5
6
7
Microplane

旅行蛋糕

椰香黑芝麻蛋糕

材料（可製作3個邊長7.5公分的方形蛋糕）

黑芝麻蛋糕麵糊

全蛋　125克
細砂糖　150克
王后T55傳統法式麵包粉　62.5克
黑芝麻粉　30克
玉米澱粉　22.5克
杏仁粉　47.5克
椰蓉　35克
椰奶粉　25克
泡打粉　1克
葡萄籽油　35克
重奶油　45克
細鹽　0.4克
黑芝麻醬　28克

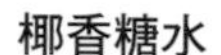

椰香糖水

水　200克
椰子酒　100克
椰子香精　5克

椰香蛋糕麵糊

全蛋　125克
細砂糖　150克
王后T55傳統法式麵包粉　65克
杏仁粉　55克
玉米澱粉　22.5克
椰蓉　55克
椰奶粉　22.5克
泡打粉　1.1克
葡萄籽油　45克
重奶油　65.5克
細鹽　0.4克

黑芝麻白巧克力淋面

柯氏白巧克力　400克
葡萄籽油　60克
無糖黑芝麻膏　40克
竹炭粉　3克

裝飾

黑色可可脂（配方見P37）
大理石花紋的巧克力飾件

製作方法

椰香糖水

1 將水、椰子酒和椰子香精混合攪拌均勻，放入冰箱冷藏（4℃）備用。

黑芝麻蛋糕麵糊

2 在攪拌機的缸中放入全蛋、細砂糖和細鹽，用平攪拌槳攪拌至乾材料完全融化後加入重奶油；加入過篩的粉類（麵包粉、黑芝麻粉、玉米澱粉、杏仁粉、椰蓉、椰奶粉和泡打粉），攪拌均勻；加入混合均勻的葡萄籽油和黑芝麻醬，攪拌均勻後馬上使用。

椰香蛋糕麵糊

3 在攪拌機的缸中放入全蛋、細砂糖和細鹽，用平攪拌槳攪拌至乾材料完全融化後加入重奶油；加入過篩的粉類（麵包粉、玉米澱粉、杏仁粉、椰蓉、椰奶粉和泡打粉），攪拌均勻；加入葡萄籽油，攪拌均勻後馬上使用。

黑芝麻白巧克力淋面

4 將白巧克力融化至40～45℃，加入葡萄籽油、黑芝麻膏和竹炭粉。使用均質機攪打均勻，放在17℃的環境下結晶。

組合與裝飾

5 用毛刷將軟化的奶油抹勻在模具內部（模具型號SN2180），並用粉篩篩入麵包粉，敲出多餘的部分。在方形模具中沿對角放入一張紙。在一側倒入170克椰香蛋糕麵糊，在另一側倒入170克黑芝麻蛋糕麵糊。
6 取掉紙，將模具放入旋風烤箱中，170℃烤30～35分鐘。
7 烤好後將蛋糕脫模放在網架上，表面用毛刷在6個面都刷上椰香糖水。用保鮮膜包裹，放在常溫下降溫，然後放入冰箱冷藏（4℃）12小時。
8 將黑芝麻白巧克力淋面溫度調至30℃，將其淋在4℃的蛋糕上。用小抹刀去除掉多餘的淋面，在20℃的環境中靜置20分鐘後放入冰箱冷藏（4℃）至少1小時。
9 將黑色可可脂的溫度調溫至27～28℃，用噴砂機噴在冰好的蛋糕表面，放上大理石花紋的巧克力飾件即可。

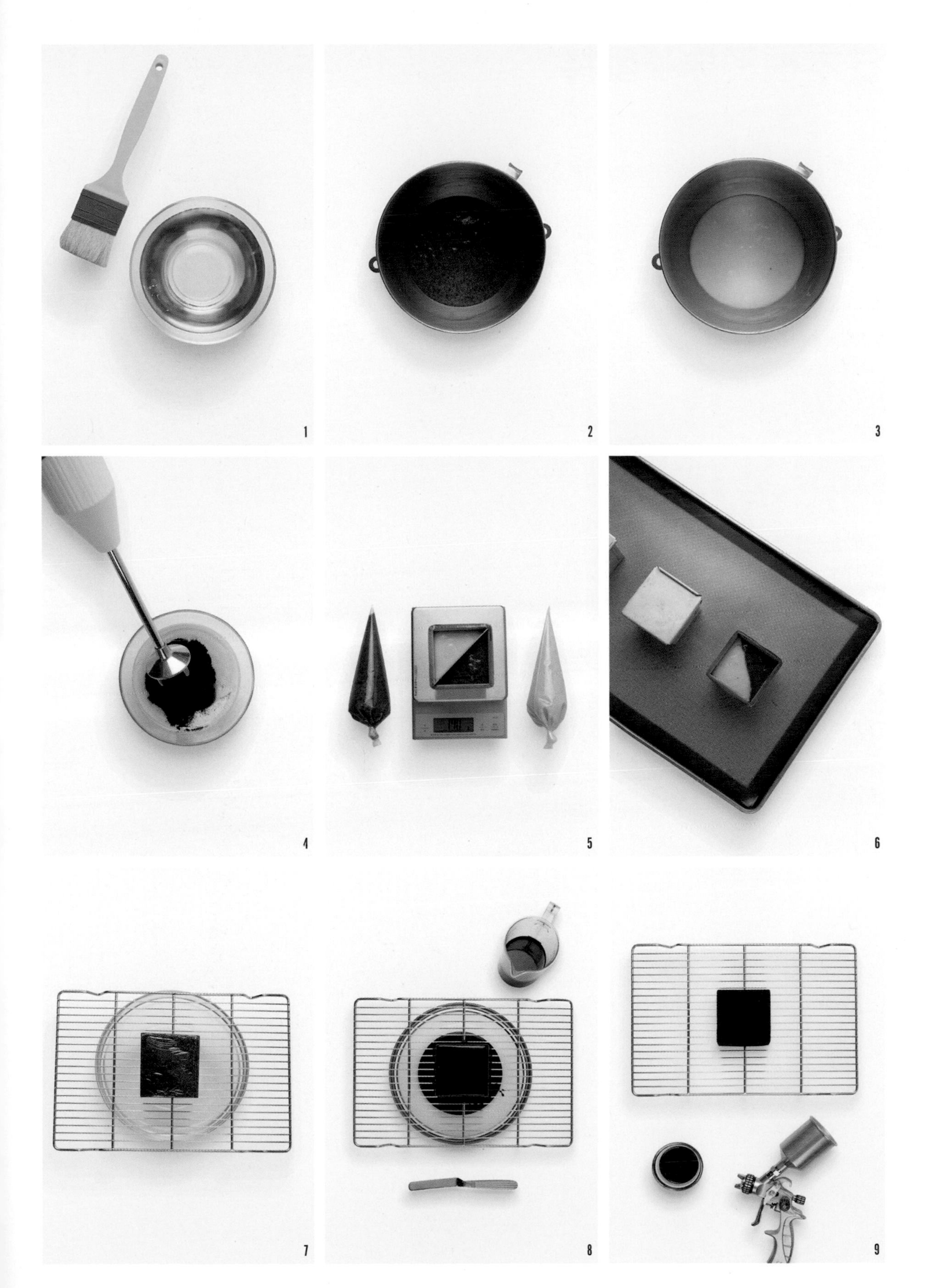
1
2
3
4
5
6
7
8
9

日本柚子抹茶蛋糕

材料（可製作3個邊長7.5公分的方形蛋糕）

日本柚子抹茶蛋糕麵糊

細砂糖　280克
全蛋　200克
鹽之花　0.4克
35%雙重奶油　40克
王后T55傳統法式麵包粉　236克
泡打粉　7.2克
抹茶粉　20克
葡萄籽油　80克
寶茸日本柚子果泥　80克

日本柚子糖水

細砂糖　105克
水　135克
寶茸日本柚子果泥　60克

抹茶巧克力淋面

柯氏白巧克力　400克
葡萄籽油　100克
抹茶粉　20克

百香果法式水果軟糖

寶茸百香果果泥　242.2克
寶茸杏桃果泥　173克
細砂糖A　43.2克
黃色果膠粉　10.4克
細砂糖B　443克
葡萄糖漿　121.2克
酒石酸水*　3.5克

*酒石酸水由50%酒石酸粉加50%水組成。

裝飾

抹茶粉

製作方法

小貼士

製作前需要確保所有原材料的溫度都在20～22℃。

日本柚子抹茶蛋糕麵糊

1 在攪拌機中放入全蛋、細砂糖和鹽之花，用平攪拌槳攪拌至蛋液發白；加入雙重奶油，加入過篩的麵包粉、泡打粉和抹茶粉，攪拌均勻；慢慢加入日本柚子果泥，最後加入葡萄籽油，攪拌均勻後馬上使用。

日本柚子糖水

2 在單柄鍋中倒入水和細砂糖，加熱至沸騰後放涼，然後放入日本柚子果泥，放入冰箱冷藏（4℃）備用。

抹茶巧克力淋面

3 將白巧克力融化至40～45℃，加入葡萄籽油和抹茶粉。用均質機均質細膩後在30℃時使用，放置在17℃的環境中結晶。

百香果法式水果軟糖

4 在單柄鍋中倒入百香果果泥和杏桃果泥，加熱至40～50℃，加入過篩後的細砂糖A和黃色果膠粉，用打蛋器攪拌；加入葡萄糖漿後加熱至沸騰；保持沸騰的前提下，慢慢加入細砂糖B，持續沸騰的情況再加入酒石酸水。

5 一起加熱至107～108℃或糖度75度，倒入噴了脫模劑的方形模具（邊長12公分）中。在20～22℃的環境下放置12小時。用小刀切成大小不同的方形，裹上細砂糖（配方用量外）備用。

組合與裝飾

6 在模具內部（模具型號SN2180）用毛刷將軟化的奶油抹勻，並用粉篩篩入麵粉後敲出多餘的部分。模具中倒入320克日本柚子抹茶蛋糕麵糊，將模具放入旋風烤箱，165℃烤30～35分鐘。

7 烤好後將蛋糕脫模放在網架上，表面用毛刷在6個面都刷上日本柚子糖水，用保鮮膜包裹，放在常溫環境下降溫，然後放入冰箱冷藏（4℃）12小時。

8 將抹茶巧克力淋面的溫度調至30℃，將其淋在4℃的蛋糕上。用小抹刀去除多餘的淋面後撒上抹茶粉，然後在20℃的環境下靜置20分鐘，放入冰箱冷藏（4℃）至少1小時。

9 將蛋糕放在紙托上，放入切塊的百香果法式水果軟糖即可。

可可櫻桃蛋糕

材料（可製作3個邊長7.5公分的方形蛋糕）

可可櫻桃蛋糕麵糊

全蛋　232.3克
轉化糖漿　70克
細砂糖　116克
杏仁粉　70克
王后T55傳統法式麵包粉　111.8克
可可粉　23.8克
泡打粉　6.9克
肯迪雅鮮奶油　111.8克
葡萄籽油　70克
柯氏72%黑巧克力　48.8克
酒漬櫻桃　129克
耐烤黑巧克力豆　43克

櫻桃糖水

酒漬櫻桃酒　100克
水　100克

紅色巧克力淋面

柯氏白巧克力　400克
葡萄籽油　100克
紅色色粉　3克

裝飾

紅色可可脂（配方見P37）
黑巧克力碎
酒漬櫻桃

製作方法

可可櫻桃蛋糕麵糊

1 將黑巧克力融化至50～55℃，加入葡萄籽油，攪拌均勻備用。

2 在攪拌機的缸中放入全蛋、細砂糖和轉化糖漿，用平攪拌槳攪拌至細砂糖化開，加入過篩的粉類（麵包粉、可可粉、泡打粉和杏仁粉）；攪拌並慢慢加入鮮奶油和步驟1的混合物，加入對半切的酒漬櫻桃和耐烤黑巧克力豆。

櫻桃糖水

3 將酒漬櫻桃過濾後的酒與水攪拌後放入冰箱冷藏（4℃）備用。

紅色巧克力淋面

4 融化白巧克力至40～45℃，加入葡萄籽油和紅色色粉，用均質機均質。

5 調溫至30℃後使用，並在17℃的環境中結晶。

組合與裝飾

6 用毛刷將軟化的奶油均勻塗在模具內部（模具型號SN2180），用粉篩篩入麵包粉後敲出多餘的部分。往模具中倒入320克可可櫻桃蛋糕麵糊，將模具放入旋風烤箱中，170℃烤30～35分鐘。

7 烤好後將蛋糕脫模放在網架上，表面用毛刷在6個面都刷上櫻桃糖水，用保鮮膜包裹，放在常溫環境中降溫。然後放入冰箱冷藏（4℃）12小時。

8 將紅色巧克力淋面的溫度調至30℃，淋在4℃的蛋糕上。用小抹刀去除多餘的淋面後放上黑巧克力碎作為裝飾，然後在20℃的環境下靜置20分鐘，放入冰箱冷藏（4℃）至少1小時。

9 將紅色可可脂調溫至27～28℃，用噴砂機噴在冰好的蛋糕表面。最後放上酒漬櫻桃裝飾即可。

1
2
3
4
5
6
320
7
8
9

花生巧克力焦糖大理石

材料（可製作1個）

花生帕林內
細砂糖　150克
花生　200克
細鹽　0.4克

花生蛋糕麵糊

肯迪雅乳酸發酵奶油　120克
細砂糖　220克
花生帕林內（見上方）100克
全蛋　100克
細鹽　3克
肯迪雅鮮奶油　180克
王后T55傳統法式麵包粉　190克
泡打粉　5克

可可蛋糕麵糊

肯迪雅乳酸發酵奶油　120克
細砂糖　220克
可可粉　30克
全蛋　102克
細鹽　3克
肯迪雅鮮奶油　186克
王后T55傳統法式麵包粉　200克
泡打粉　5克

黑巧克力脆皮淋面

柯氏55%黑巧克力　400克
葡萄籽油　100克
花生帕林內（見上方）50克

黑巧克力甘納許

肯迪雅鮮奶油　300克
轉化糖漿　50克
柯氏55%黑巧克力　190克
花生帕林內（見上方）50克

杏仁酥粒
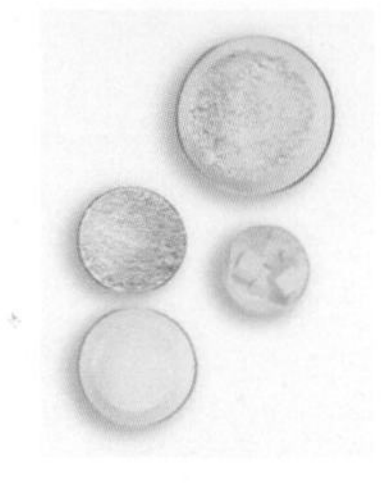
肯迪雅乳酸發酵奶油　100克
細砂糖　100克
杏仁粉　100克
王后T55傳統法式麵包粉　120克

焦糖塊
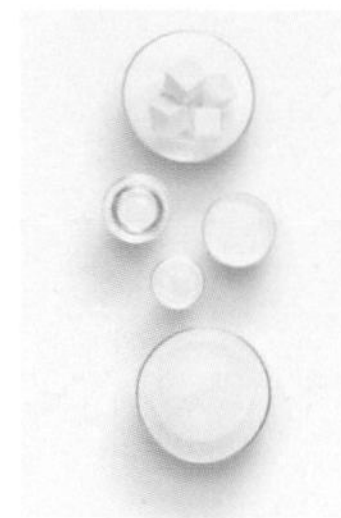
肯迪雅鮮奶油　100克
葡萄糖漿　50克
細砂糖　200克
鹽之花　3克
肯迪雅乳酸發酵奶油　150克

裝飾
烘烤過的花生
防潮糖粉

製作方法

小貼士

所有的原材料必須是常溫狀態，如果有原材料溫度太低會導致蛋糕麵糊分離。

花生蛋糕麵糊

1 在攪拌機的缸中放入軟化奶油、花生帕林內（做法參考P34的60%榛子帕林內）、細砂糖和細鹽，用平攪拌槳攪拌成奶油狀；加入全蛋，拌勻後倒入過篩的麵包粉和泡打粉；拌勻後分次加入鮮奶油，拌勻後放入擠花袋中備用。

可可蛋糕麵糊

2 在攪拌機的缸中放入軟化奶油、細砂糖和細鹽，中速攪拌均勻；加入全蛋，拌勻；倒入過篩的可可粉、麵包粉和泡打粉，拌勻；分次加入鮮奶油，拌勻後放入擠花袋中備用。

黑巧克力甘納許

3 將鮮奶油和轉化糖漿倒入單柄鍋中，加熱至75～80℃，倒在黑巧克力上並用均質機將其均質乳化；加入花生帕林內，再次均質乳化，倒在盆中，用保鮮膜貼面包裹，放在17℃的環境中靜置至少12小時使其完成結晶。

小貼士

最好使用微波爐來融化淋面，微波爐的功率不要太高，時間不要太久，慢慢融化防止溫度過高。

黑巧克力脆皮淋面

4 將黑巧克力融化至40～45℃，加入葡萄籽油和花生帕林內並均質，使用時將淋面加熱至30～32℃，倒在4℃的大理石蛋糕的表面。

杏仁酥粒

5 在攪拌機的缸中放入製作杏仁酥粒的所有材料，用平攪拌槳中速攪拌至出現麵團。將麵團放在長20公分、寬20公分、高1公分的慕斯框內，用擀麵棍擀均勻，然後放入冰箱冷藏（4℃）至少12小時。取出後脫模，切割成邊長1公分的小立方體，放在矽膠墊上。再蓋一張矽膠墊後放入旋風烤箱，150℃烤20～25分鐘，烤好後取出備用。

焦糖塊

6 在單柄鍋中放入細砂糖，煮成焦糖色後加入奶油。在另一個單柄鍋中，倒入鮮奶油、鹽之花和葡萄糖漿，加熱至沸騰後慢慢倒在焦糖上，拌勻後加熱至130℃。將混合物倒在放有邊長20公分正方形慕斯框的矽膠墊上，在20～22℃的環境中放置12小時至冷却，切成邊長1公分的小方塊。

組合與裝飾

7 在模具內（模具型號SN2085）塗一層奶油，撒一層麵粉，放一張切割成長方形的烘焙油布。

8 把模具放在電子秤上，以W形擠入100克花生蛋糕麵糊，再以M形擠入100克可可蛋糕麵糊。再重複3遍，直至總重量達到800克。

9 用竹簽在麵糊裏畫S形。將軟化的奶油裝入擠花袋，並在麵糊中間擠一條，放入旋風烤箱，165℃烤70～80分鐘。

10 用小刀檢查是否烤熟，烤好後脫模放在常溫下降溫約10分鐘，用保鮮膜包裹直至完全降溫，然後放入冰箱冷藏（4℃）12小時。

11 將黑巧克力脆皮淋面升溫至30～32℃，將蛋糕從冰箱取出，去掉保鮮膜後放在網架上淋面，放置20分鐘結晶。切割成3公分厚的片，將黑巧克力甘納許放入裝有SN7029擠花嘴的擠花袋中。

12 將黑巧克力甘納許擠在蛋糕上，放上烤好的杏仁酥粒和焦糖塊，最後放一些烘烤過的花生和防潮糖粉即可。

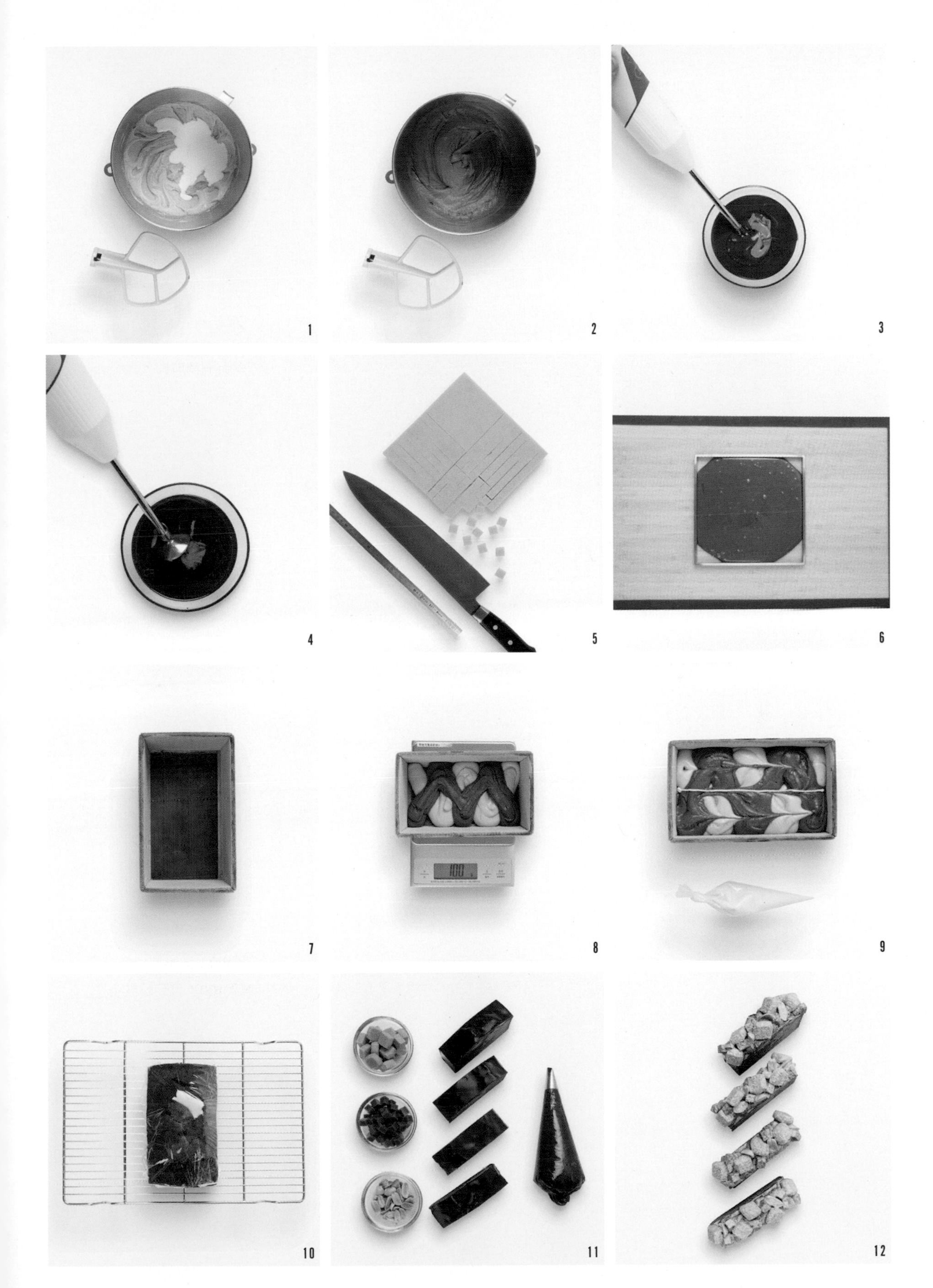
1
2
3
4
5
6
7
8
9
10
11
12

巴斯克

材料（可製作1個）

肯迪雅奶油乳酪　422克
香草莢　1根
海鹽　2.2克
細砂糖　86克
玉米澱粉　14克
蛋黃　21克
全蛋　161克
肯迪雅鮮奶油　289.5克
鮮榨黃檸檬汁　4克

製作方法

1 將製作巴斯克的材料準備好。
2 用濕毛巾軟化油紙，將油紙放進6寸活底模具中，貼緊底部，將邊上多餘的油紙重疊，貼緊模具邊，備用。
3 軟化奶油乳酪：奶油乳酪用保鮮膜包成厚薄一致，放入微波爐中火軟化，時間30～60秒。
4 料理機中加入軟化的奶油乳酪、從香草莢中取出的香草籽、海鹽、細砂糖、過篩的玉米澱粉，低速攪打均勻。
5 加入蛋黃、全蛋，低速攪打均勻。
6 加入鮮奶油、檸檬汁，低速攪打均勻。
7 麵糊過篩。
8 將麵糊倒入模具中，放入旋風烤箱，220℃烤20分鐘，熱風繼續烤5分鐘（或者平爐烤箱上火240℃、下火220℃烤25分鐘）。出爐後放在網架上，冷卻後用保鮮膜包裹，放入冰箱冷藏。
9 冷卻後脫模即可。

小貼士

製作巴斯克麵糊時，需低速攪打均勻，不可進入氣泡，否則會導致口感不夠細滑。

檸檬瑪德琳

材料（可製作8個）

肯迪雅乳酸發酵奶油　78.5克
全蛋　77克
細鹽　0.7克
細砂糖　67克
蜂蜜　8克
黃檸檬皮屑　8克
王后T45法式糕點粉　69克
杏仁粉　8克
泡打粉　3.8克

製作方法

1. 將製作檸檬瑪德琳的材料準備好。
2. 奶油加熱至化開，保持50～60℃。
3. 全蛋、細鹽、細砂糖、蜂蜜和黃檸檬皮屑放入一個盆中，用打蛋器攪拌均勻。
4. 糕點粉、杏仁粉和泡打粉混合均勻，過篩。
5. 步驟4的混合物倒入步驟3的容器中，攪拌均勻。
6. 分兩次加入步驟2的奶油，攪拌均勻。
7. 用保鮮膜貼面包裹，放入冷藏冰箱3～48小時。
8. 瑪德琳模具均勻噴上脫模油。
9. 將步驟7的麵糊翻拌均勻，裝入擠花袋，擠在模具裏（每個30克），放入旋風烤箱，190℃烤6分鐘，轉爐3分鐘即可。

小貼士

瑪德琳麵糊製作完成後，最好放冰箱冷藏隔夜後再烘烤，這樣可以使瑪德琳原材料之間的融合度更好，口感更加油潤。

1
2
3
4
5
6
7
8
BAKELS
9

樹莓可可費南雪

材料（可製作8個）

可可費南雪麵糊

肯迪雅乳酸發酵奶油　65克
蛋白　74克
轉化糖漿　11克
糖粉　78克
海鹽　1.5克
王后T45法式糕點粉　11克
可可粉　17克
杏仁粉　54克
全脂牛奶　5克

樹莓果凍

寶茸樹莓果泥　96克
樹莓顆粒　33克
葡萄糖漿　15克
細砂糖　30克
325NH95果膠粉　2.5克
鮮榨黃檸檬汁　14克

裝飾

耐烤黑巧克力豆

製作方法

樹莓果凍

1 將製作樹莓果凍的材料準備好。

2 細砂糖與325NH95果膠粉混拌均勻；單柄鍋中加入樹莓果泥、樹莓顆粒和葡萄糖漿，加熱至45℃左右。將糖和果膠粉的混合物加入單柄鍋中，邊倒邊攪拌；中小火煮沸，其間使用打蛋器攪拌。加入鮮榨黃檸檬汁，攪拌均勻。用保鮮膜貼面包裹，放入冰箱冷藏凝固。

小貼士

費南雪麵糊烘烤完成後，需馬上轉移至涼的烤盤上，防止熱的模具使費南雪繼續受熱，導致口感變乾。

可可費南雪麵糊

3 將製作可可費南雪麵糊的材料準備好。

4 蛋白、轉化糖漿、糖粉和海鹽加入盆中，攪拌均勻。

5 糕點粉、可可粉和杏仁粉混合均勻，過篩後倒入步驟4的容器中，攪拌均勻。

6 將奶油加熱至化開（保持50～60℃），分兩次加入步驟5的材料中，攪拌均勻。

7 加入牛奶，攪拌均勻；用保鮮膜貼面包裹，放入冷藏冰箱3～48小時。

8 費南雪模具均勻噴上一層脫模油。

9 可可費南雪麵糊翻拌均勻，放入裝有圓形花嘴的擠花袋中；樹莓果凍用打蛋器攪拌均勻，裝入擠花袋；先將麵糊擠入模具中（每個15克），之後擠上5克樹莓果凍，最後擠20克麵糊。表面放上耐烤黑巧克力豆，放入旋風烤箱，190℃烤8分鐘，熱風吹2分鐘。出爐後，立馬轉移至涼的烤盤上冷卻即可。

1

2

3

4

5

6

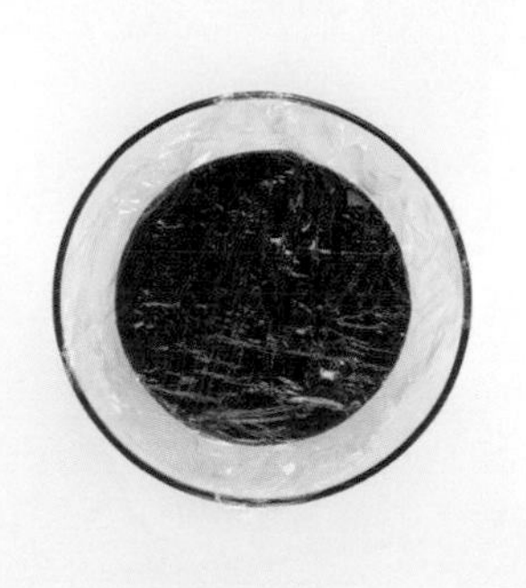
7

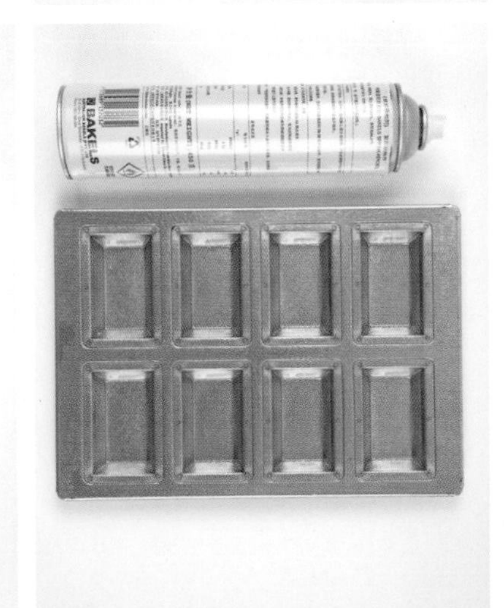

8

9

榛子費南雪

材料（可製作6個）

榛味奶油　65克
蛋白　65克
蜂蜜　3克
細砂糖　68克
王后T45法式糕點粉　20克
焙烤榛子粉　40克

製作方法

1 將製作榛子費南雪的材料準備好。
2 榛味奶油加熱至化開，保持50～60℃。
3 蛋白、蜂蜜和細砂糖放入盆中，攪拌均勻。
4 糕點粉和焙烤榛子粉攪拌均勻，過篩。
5 將步驟4的材料倒入步驟3的容器中，攪拌均勻。
6 將步驟2的榛味奶油分兩次加入步驟5的材料中，攪拌均勻。
7 用保鮮膜貼面包裹，放入冰箱冷藏3～48小時。
8 費南雪模具均勻噴上一層脫模油。
9 將麵糊翻拌均勻，裝入擠花袋中，擠入模具中（每個37～39克），放入旋風烤箱，190℃烤8分鐘，熱風吹2分鐘即可。

小貼士

使用「焙烤榛子粉」，榛子香味更足。

1

2

3

4

5

6

7

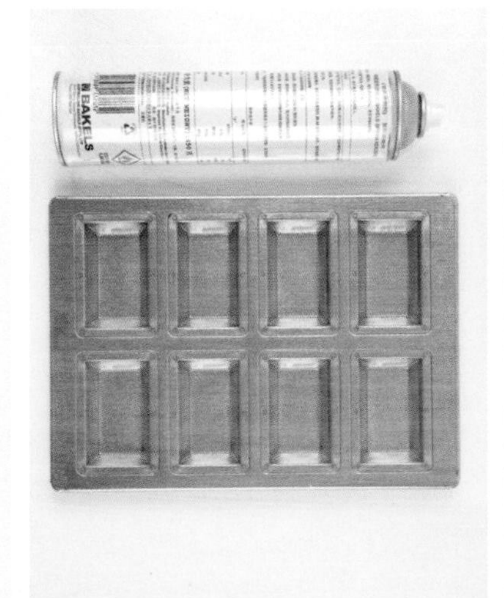

8

9

黑糖蛋糕

材料（可製作4個）

蛋黃　498克
全蛋　171克
細砂糖　366克
海藻糖　60克
黑糖醬　60克
海鹽　3克
玉米澱粉　120克
王后T45法式糕點粉　210克
泡打粉　6克
肯迪雅乳酸發酵奶油　540克

製作方法

1. 將製作黑糖蛋糕的材料準備好。
2. 蛋黃、全蛋、細砂糖、海藻糖和海鹽放入攪拌缸，隔水加熱至36～40℃。
3. 使用打蛋器打發至顏色發白，滴落下的麵糊有堆疊感，且回落緩慢。
4. 加入黑糖醬，低速攪打均勻。
5. 加入過篩混勻的玉米澱粉、糕點粉和泡打粉，用刮刀翻拌均勻。
6. 分次加入融化的奶油（40～50℃），攪拌均勻。
7. 模具裏噴上脫模油，模具內側和模具底部貼上油紙。
8. 將麵糊倒入模具中，稍微震模。放入平爐烤箱，上火170℃，下火160℃，烤23分鐘；然後將下火溫度調整為0℃，上火保持不變，再烤25分鐘。出爐稍微震模，放在網架上冷卻。
9. 將蛋糕脫模即可。

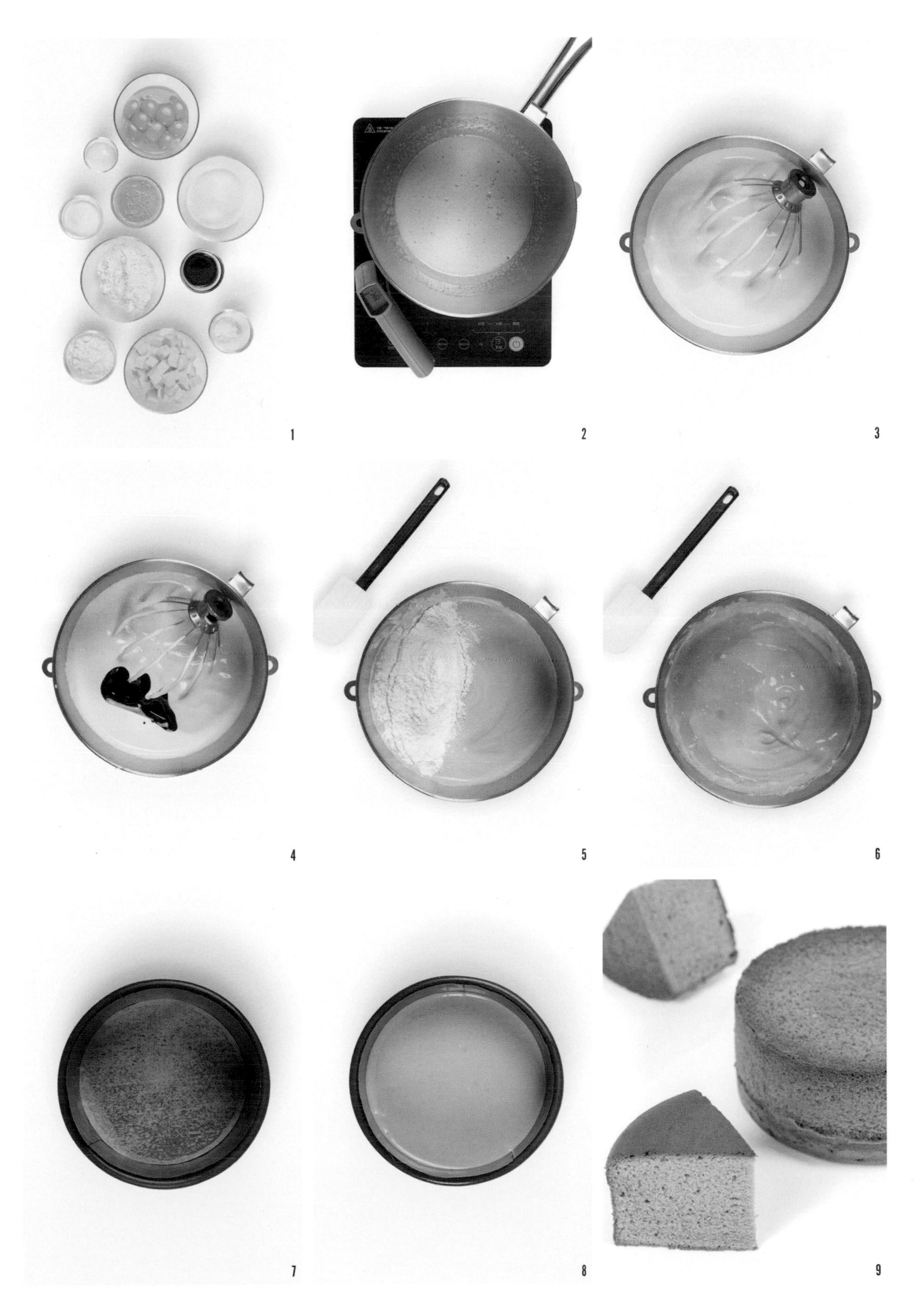
1
2
3
4
5
6
7
8
9

咖啡乳酪可可馬卡龍

材料（可製作8個）

可可馬卡龍殼

糖粉　239克
杏仁粉　225克
可可粉　56克
蛋白A　90克
細砂糖A　42克
蛋白B　90克
細砂糖B　200克
水　64克

咖啡甘納許

肯迪雅鮮奶油　240克
咖啡豆　24克
速溶黑咖啡粉　2克
海鹽　0.5克
柯氏43%牛奶巧克力　65克
柯氏55%黑巧克力　20克
肯迪雅乳酸發酵奶油　22克
咖啡力嬌酒　10克

日本柚子奶油乳酪餡

肯迪雅奶油乳酪　200克
糖粉　20克
肯迪雅乳酸發酵奶油　75克
寶茸日本柚子果泥　25克
寶茸佛手柑果泥　5克

製作方法

可可馬卡龍殼

1 糖粉、杏仁粉和可可粉混合過篩。加入蛋白A，用刮刀壓拌均勻。

2 蛋白B和細砂糖A放入攪拌缸中，打發至濕性發泡；細砂糖B加水熬至116～121℃，沿攪拌缸邊緣呈綫狀將糖漿沖入，其間用打蛋器中高速打發，均勻受熱。將蛋白B打發至堅挺的鷹鉤狀，轉低速攪拌，降溫至約45℃。將1/3的蛋白霜加入步驟1的材料 中，用刮刀翻拌均勻。

3 再加入1/3的蛋白霜，用刮刀翻拌均勻；加入剩餘的全部蛋白霜，用刮刀翻拌均勻。將麵糊翻拌至順滑的飄帶狀，此時滴落下的麵糊能夠堆疊。

4 將馬卡龍麵糊放入裝有直徑1公分圓形花嘴的擠花袋中，烤盤鋪上乾淨的烘焙油布；擠上馬卡龍麵糊。放入旋風烤箱，150℃烤1～2分鐘，吹至表面結成薄薄的殼；之後旋風烤箱保持150℃，再烤9分鐘。出爐後轉移至網架上，放置冷卻。

咖啡甘納許

5 鮮奶油放入單柄鍋中，煮沸；加入敲碎的咖啡豆，燜15分鐘。過濾出咖啡豆渣，補齊鮮奶油至240克。加入速溶黑咖啡粉、海鹽，煮沸。

6 沖入裝有牛奶巧克力和黑巧克力的盆中，用均質機均質；加入軟化至膏狀的奶油，用均質機均質；加入咖啡力嬌酒，用均質機均質。用保鮮膜貼面包裹，放入冰箱冷藏。

日本柚子奶油乳酪餡

7 奶油乳酪包保鮮膜，放入微波爐中，中火軟化。加入糖粉、軟化至膏狀的奶油，用刮刀拌勻。加入佛手柑果泥、日本柚子果泥，拌勻。

組合

8 咖啡甘納許用打蛋器攪拌至順滑，放入裝有直徑1公分圓形擠花嘴的擠花袋中；日本柚子奶油乳酪餡攪拌順滑，放入擠花袋中；可可馬卡龍殼配對。沿著馬卡龍殼的邊緣擠上咖啡甘納許，中間再擠薄薄一層咖啡甘納許。

9 中間擠入日本柚子奶油乳酪餡；另外一個馬卡龍殼底部中間擠薄薄一層咖啡甘納許；將兩片馬卡龍殼組合在一起即可。

1
2
3
4
5
6
7
8
9

巧克力可麗露

材料（可製作11個）

全脂牛奶　500克
可可膏　50克
肯迪雅乳酸發酵奶油　25克
香草莢　1/2根
細砂糖A　125克
王后T45法式糕點粉　125克
細砂糖B　125克
全蛋　25克
蛋黃　60克
黑蘭姆酒　50克

製作方法

1 將製作巧克力可麗露的材料準備好。
2 把香草莢剖開，刮出香草籽。將全脂牛奶、奶油、香草籽、香草莢、可可膏和細砂糖A混合，加熱至奶油化開，溫度約60℃。
3 糕點粉過篩，加入細砂糖B，攪拌均勻；倒入一半步驟2的混合物，攪拌均勻；繼續加入剩餘的混合物，邊倒邊攪拌。
4 加入全蛋、蛋黃，攪拌均勻。
5 加入黑蘭姆酒，攪拌均勻。
6 用保鮮膜貼面包裹，放入冰箱冷藏12～72小時。
7 冷藏後的麵糊攪拌均勻，過篩，倒入盆中。
8 可麗露模具用毛刷均勻刷上一層軟化奶油；將麵糊倒入模具中（每個80克）。放入旋風烤箱，210℃烤18分鐘；將溫度調整為180℃（無須開爐門），再烤32分鐘。
9 出爐後，立即脫模，放在網架上冷却即可。

小貼士

可麗露麵糊製作完成後，放入冰箱冷藏至少12小時，這樣麵糊熟成且穩定，不易出現白頭。

香草蘭姆可麗露

材料（可製作11個）

全脂牛奶　500克
肯迪雅乳酸發酵奶油　25克
香草莢　1/2根
細砂糖A　125克
王后T45法式糕點粉　125克
細砂糖B　125克
全蛋　25克
蛋黃　60克
黑蘭姆酒　80克

製作方法

1 將製作香草蘭姆可麗露的材料準備好。
2 把香草莢剖開，刮出香草籽。將全脂牛奶、奶油、香草籽、香草莢、細砂糖A混合，加熱至奶油化開，溫度控制在60℃。
3 糕點粉過篩，加入細砂糖B，攪拌均勻；倒入一半步驟2的混合物，攪拌均勻；繼續加入剩餘的混合物，邊倒邊攪拌。
4 加入全蛋、蛋黃，攪拌均勻。
5 加入黑蘭姆酒，攪拌均勻。
6 用保鮮膜貼面包裹，放入冰箱冷藏12～72小時。
7 冷藏後的麵糊攪拌均勻，過篩，倒入量杯中。
8 可麗露模具用毛刷均勻刷一層軟化奶油；麵糊倒入模具中（每個80克）。放入旋風烤箱，210℃烤18分鐘；將溫度調整為180℃（無須開爐門），再烤25分鐘。
9 出爐後立即脫模，放在網架上冷卻即可。

小貼士

可麗露模具的清洗：可在模具內壁厚刷一層奶油，開口朝下放在烤網架上，放入旋風烤箱，200℃烤10分鐘即可。

無花果蜜蘭香馬卡龍

材料（可製作30個）

馬卡龍殼

糖粉　250克

杏仁粉　250克

蛋白A　87.5克

蛋白B　95克

檸檬酸　1克

細砂糖　250克

水　64克

水溶性黃色色素　適量

水溶性綠色色素　適量

無花果果凍

無花果　200克

寶茸樹莓果泥　70克

細砂糖　30克

NH果膠粉　1克

蜜蘭香奶油霜

蛋白　150克

細砂糖A　5克

海鹽　1克

細砂糖B　40克

水　16克

肯迪雅乳酸發酵奶油　150克

全脂牛奶　50克

蜜蘭香烏龍茶　12克

製作方法

馬卡龍殼

1 在攪拌缸中將蛋白B打發至濕性發泡；細砂糖加水熬至116～121℃，沿攪拌缸的邊緣將糖漿綫狀沖入，其間用打蛋器中高速打發，均勻受熱；把蛋白B打發至堅挺的鷹鈎狀，轉低速攪拌，降溫至約45℃。

2 糖粉、杏仁粉、水溶性黃色色素、水溶性綠色色素混合過篩，加入蛋白A，用刮刀壓拌均勻，先加入1/3的步驟1的蛋白霜，用刮刀翻拌均勻；再加入1/3的蛋白霜，用刮刀翻拌均勻；最後加入剩餘的全部蛋白霜，用刮刀翻拌均勻。將麵糊翻拌至順滑的飄帶狀，此時滴落下的麵糊能夠堆疊。

3 將馬卡龍麵糊放入裝有直徑1公分圓形擠花嘴的擠花袋中，烤盤鋪上乾淨的烘焙油布；擠上馬卡龍麵糊。放入旋風烤箱，150℃烤1～2分鐘，熱風吹至表面結成薄薄的殼；之後旋風烤箱保持150℃，再烤9分鐘。出爐後轉移至網架上，放置冷却。

蜜蘭香奶油霜

4 全脂牛奶加熱至80℃，加入蜜蘭香烏龍茶浸泡10分鐘。過濾出茶葉，將全脂牛奶補齊至50克。

5 攪拌缸中加入蛋白、細砂糖A和海鹽，打發至濕性發泡。

6 單柄鍋中加入細砂糖B和水，熬至116～121℃，沿攪拌缸的邊緣沖入步驟5的材料中，其間使用打蛋器中高速打發至堅挺的鷹鈎狀。分次加入軟化至膏狀的奶油，每次攪打均勻後再加下一次。繼續打發奶油至顏色發白、體積膨脹，將步驟4的牛奶分次加入，混合拌勻。

無花果果凍

7 單柄鍋中加入切塊的無花果、樹莓果泥，加熱至約45℃。加入混勻的細砂糖和NH果膠粉，邊倒邊攪拌。煮沸，用保鮮膜貼面包裹，放入冰箱冷藏。

組合

8 蜜蘭香奶油霜放入裝有直徑1公分圓形擠花嘴的擠花袋中；無花果果凍攪拌順滑，放入擠花袋中；馬卡龍殼配對。馬卡龍殼沿邊緣擠上蜜蘭香奶油霜，中間擠薄薄一層蜜蘭香奶油霜。

9 中間擠入無花果果凍；另外一個馬卡龍殼底部中間擠薄薄一層蜜蘭香奶油霜；將兩片馬卡龍殼組合在一起即可。

1
2
3
4
5
6
7
8
9

椰子餅乾

材料（可製作56個）

椰子餅乾麵糊

肯迪雅乳酸發酵奶油　100克

粗顆粒黃糖　60克

王后T45法式糕點粉　130克

杏仁粉　50克

椰絲　20克

細鹽　1克

裝飾

椰絲

製作方法

1. 將製作椰子餅乾麵糊的材料準備好。
2. 糕點粉、杏仁粉和椰絲放入料理機中，打成粉。
3. 攪拌機的攪拌缸中加入切成小丁的奶油（冷藏狀態）、粗顆粒黃糖、步驟2的混合物、細鹽，使用平攪拌槳全程低速攪拌。
4. 攪拌成團後倒在桌面上，揉搓均勻。
5. 麵團搓成圓柱狀。
6. 用圓形刮板整理成三角形。
7. 包上油紙，放入冰箱冷藏半小時定型。
8. 從冰箱中取出，切成寬1公分的片。
9. 蘸上椰絲，放在鋪有帶孔烤墊的烤盤上，放入旋風烤箱，150℃烤15分鐘，熱風繼續烘烤5分鐘即可。

小貼士

製作麵糊時，需注意觀察奶油的狀態：奶油不可打發；溫度不可過高，否則奶油易融化，導致餅乾烘烤後出油。

1
2
3
4
5
6
7
8
9

黃金起司曲奇餅乾

材料（可製作100個）

肯迪雅乳酸發酵奶油　300克
糖粉　80克
細鹽　6克
王后T45法式糕點粉　187克
黃金起司粉　60克
玉米澱粉　67克
王后柔風甜麵包粉　97克

製作方法

1. 將製作黃金起司曲奇餅乾的材料準備好。
2. 奶油室溫軟化至膏狀；攪拌機的攪拌缸中加入奶油、糖粉和細鹽。
3. 用平攪拌槳高速打發至顏色發白、體積膨脹。
4. 糕點粉、黃金起司粉、玉米澱粉和麵包粉過篩，混合均勻。
5. 將一半的步驟4的混合物加入步驟3的材料中，用刮刀翻拌均勻。
6. 加入剩餘的步驟4的混合物，用刮刀翻拌均勻。
7. 將麵團倒在桌面上，使用圓形刮板從上往下碾壓，將麵團刮細膩。
8. 把麵團整成圓柱形，放在5公厘（mm）的厚度尺中間，用擀麵棍擀平整，放入冰箱冷藏定型。
9. 用波浪形刻模刻出形狀，放在鋪有帶孔矽膠墊的烤盤上。放入旋風烤箱，150℃烤15分鐘，熱風繼續烘烤 5分鐘 ，出爐後放在網架上冷卻即可。

1

2

3

4

5

6

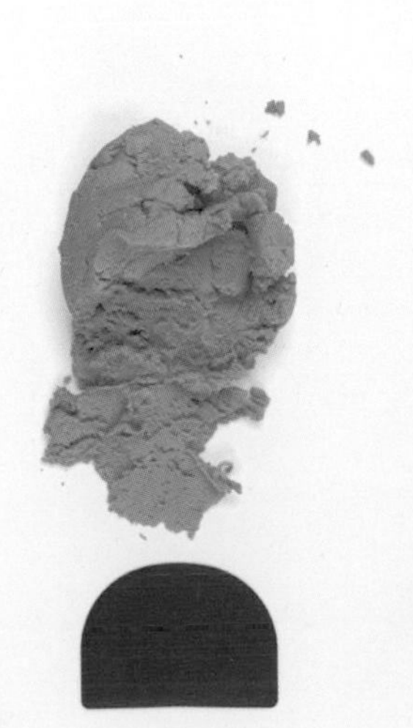
7

5mm
5mm
8

9

紅豆奶油司康

材料（可製作8個）

司康麵糊

王后T45法式糕點粉　318克
王后柔風甜麵包粉　60克
泡打粉　9克
細砂糖　60克
細鹽　4.5克
肯迪雅乳酸發酵奶油　90克
香草粉　3克
全蛋　56克
肯迪雅鮮奶油　184克

紅豆餡

紅豆　100克
豆沙　100克
肯迪雅鮮奶油　5克
肯迪雅乳酸發酵奶油　6克

裝飾

蛋黃液

夾餡

肯迪雅乳酸發酵奶油　160克

製作方法

紅豆餡

1 將製作紅豆餡的材料準備好。
2 將紅豆、豆沙、鮮奶油和約45℃的奶油放入一個盆中，用刮刀拌勻，製成紅豆餡備用。

司康麵糊

3 將製作司康麵糊的材料準備好。
4 攪拌機的攪拌缸中放入糕點粉、麵包粉、泡打粉、細砂糖、細鹽、切成小丁的奶油顆粒（冷藏狀態）和香草粉。
5 用平攪拌槳全程低速攪拌均勻，加入全蛋和鮮奶油，再次攪拌均勻。
6 用擀麵棍將麵團擀薄，形狀方正，操作時，桌面上撒一層薄薄的麵粉防黏。
7 將麵團對半切開，重疊放置，擀平，此步驟重複2次。
8 麵團擀薄至2.5公分厚，包上保鮮膜，放入冰箱冷藏至少30分鐘。
9 取出，用直徑6公分的圓形刻模刻出形狀，放在烤盤上。
10 表面均勻刷一層蛋黃液；放入平爐烤箱，上火210℃，下火180℃，烤25分鐘。
11 把步驟10烤好的司康對半切開，在其中一半司康上塗抹25克紅豆餡，放上20克奶油片。最後蓋上另一半司康即可。

小貼士

表面裝飾用的蛋黃液需要用細網篩過濾出卵黃繫帶。

1
2
3
4
5
6
7
8
9
10
11

酥類

香草樹莓拿破侖

材料（可製作7個）

千層酥

王后T55傳統法式麵包粉　600克
水　290克
白醋　10克
細鹽　12克
肯迪雅乳酸發酵奶油　60克
肯迪雅布列塔尼奶油片　360克

卡士達醬

全脂牛奶　110克
香草莢　1根
細砂糖　25克
玉米澱粉　11克
蛋黃　27.5克
可可脂　6克

樹莓果醬

冷凍樹莓　145克
寶茸樹莓果泥　145克
細砂糖　80克
NH果膠粉　4克
鮮榨黃檸檬汁　13克
黑櫻桃酒　13克

香草馬斯卡彭奶油

肯迪雅鮮奶油　150克
細砂糖　15克
香草莢　1根
吉利丁混合物　9.1克
（或1.3克200凝固值吉利丁粉+7.8克泡吉利丁粉的水）
馬斯卡彭乳酪　25克

裝飾

切片草莓
薄荷葉

製作方法

千層酥

1. 麵皮部分。水、白醋和細鹽混合攪拌至鹽化開，溫度控制在約10℃。攪拌缸中加入麵包粉，邊攪打邊加入水溶液；完全融合後，邊攪打邊加入化開的奶油（奶油溫度保持在約50℃）。
2. 揉成團，壓成邊長25公分的正方形麵皮。用保鮮膜包裹，放入冰箱冷藏1～12小時。
3. 油皮部分。用油紙包奶油片，用擀麵棍敲打至呈S形彎曲但不斷裂；擀成厚6公厘（mm）、邊長25公分的正方形。
4. 從冰箱取出麵皮部分，擀成長50公分、寬25公分、厚6公厘（mm）的麵皮。把油皮部分放在正中間。
5. 兩邊麵皮往中間折，中間重疊一小部分。用擀麵棍壓緊。
6. 麵團壓成5公厘（mm）厚，平均分成三份，折一個3折。再將麵團壓成4公厘（mm）厚，平均分成四份，折一個4折。用保鮮膜包裹，放入冰箱冷藏至少2小時。取出再次壓成5公厘（mm）厚，平均分成四份，折一個4折。用保鮮膜包裹，放入冰箱冷藏至少4小時。
7. 取出壓成長55公分、寬35公分、厚3公厘（mm）的麵皮。放在酥皮穿孔模具上，放入旋風烤箱，170℃烤50分鐘。
8. 冷卻後的千層酥皮切成長11公分、寬3.5公分。

卡士達醬

9. 單柄鍋中加入全脂牛奶、香草籽，煮沸。細砂糖與過篩的玉米澱粉混合拌勻；加入蛋黃，拌勻；倒入煮沸的牛奶，邊倒邊攪拌。把混合物倒回單柄鍋中加熱，攪拌至濃稠冒大泡。離火，加入可可脂，攪拌均勻。用保鮮膜貼面包裹，放入冰箱冷藏冷卻。

樹莓果醬

10. 單柄鍋中加入冷凍樹莓和樹莓果泥，加熱至約45℃；細砂糖和NH果膠粉混合拌勻後倒入，邊倒邊攪拌至均勻無顆粒。加熱至整體冒泡，其間不停攪拌，使均勻受熱。離火，加入鮮榨黃檸檬汁和黑櫻桃酒，拌勻。用保鮮膜貼面包裹，放入冰箱冷藏凝固。

香草馬斯卡彭奶油

11. 單柄鍋中加入鮮奶油、細砂糖和香草籽，加熱煮沸。離火，加入泡好水的吉利丁混合物，攪拌至化開後沖入馬斯卡彭乳酪中，用均質機均質。用保鮮膜貼面包裹，放入冰箱冷藏隔夜後打至八分發，放入裝有直徑1公分圓形擠花嘴的擠花袋中。

組合與裝飾

12. 卡士達醬攪拌順滑，放入裝有直徑1公分圓形擠花嘴的擠花袋中。在兩片千層酥上擠卡士達醬。用直徑1公分的圓形擠花嘴在中間裱擠入樹莓果醬。
13. 疊放千層酥，擠上香草馬斯卡彭奶油。放上切片草莓和薄荷葉裝飾即可。

1
2
3
4
5
6
7
8
9
10
11
12
13

弗朗塔

材料（可製作2個）

卡士達醬

全脂牛奶　500克

香草莢　2克

細砂糖　90克

全蛋　100克

玉米澱粉　50克

肯迪雅乳酸發酵奶油　100克

千層麵團

配方見P294「千層酥」

製作方法

卡士達醬

1 將製作卡士達醬的材料準備好。
2 把香草莢剖開，刮出香草籽。單柄鍋中加入全脂牛奶、香草籽，用電磁爐加熱煮沸。
3 細砂糖與過篩的玉米澱粉混合，攪拌均勻；加入全蛋，攪拌均勻。
4 將步驟2的液體沖入步驟3的材料中，同時使用打蛋器攪拌。
5 倒回單柄鍋中，加熱攪拌至濃稠冒大泡。
6 離火，加入切成小塊的奶油，攪拌均勻。
7 用保鮮膜貼面包裹，放入冰箱冷藏冷卻。

組合

8 取已經折過一次3折和兩次4折的千層麵團（見P296步驟1～6），將麵團壓成長52公分、寬4.5公分、厚3公厘（mm）的長方形麵皮。在直徑16公分的慕斯圈內壁貼緊帶孔烤墊，將麵皮放入。再在麵皮內壁上貼烘焙油紙，填入烘焙重石。放入預熱好的旋風烤箱，180℃烤約30分鐘。
9 使用直徑14公分的刻模在烤好的千層酥上（參見P296步驟1～8）刻出形狀，作為弗朗塔的底部。
10 將步驟8的烤盤取出，冷卻後拿出烘焙重石和烘焙油紙，放入圓形千層酥，填入攪拌順滑的卡士達醬，放入預熱好的旋風烤箱，190℃烤約25分鐘即可。

1
2
3
4
5
6
7
8
9
10

蝴蝶酥

材料

反轉酥皮

配方見P28，另加適量細砂糖

鹹焦糖粉

細砂糖　286克

水　114克

葡萄糖漿　84克

肯迪雅乳酸發酵奶油　14克

鹽之花　1克

製作方法

起酥（折疊奶油）

1 參照P28，將反轉酥皮起酥至兩個4折，然後擀壓成5公厘（mm）厚。

2 在表面撒一層細砂糖，用擀麵棍輕輕碾壓，使糖嵌入麵皮中，折一個3折。用保鮮膜貼面包裹，放入冰箱冷藏（4℃）至少2小時。麵團取出後壓成5公厘（mm）厚，再次在表面撒一層細砂糖，用擀麵棍輕輕碾壓，使糖嵌入麵皮中。再折一個3折。用保鮮膜包裹，放入冰箱冷藏（4℃）至少2小時。

3 取出壓成長100公分、寬30公分、厚4公厘（mm）的麵皮，麵皮對折後打開，兩邊各折一個3折後對折，用水黏合。

4 用保鮮膜包裹，放入冰箱冷藏（4℃）至少12小時。

5 取出後切割成厚1.5公分的片。

6 放入平爐烤箱，上火165℃，下火165℃，烤35～40分鐘。

小貼士

鹹焦糖粉可以提前準備好，將其放入密封袋內塑封保存即可。

鹹焦糖粉

7 在單柄鍋中放入水、細砂糖和葡萄糖漿，加熱至顏色變為金黃的焦糖色。放入奶油和鹽之花，攪拌至化開。

8 將做好的焦糖倒在矽膠墊上，放涼後倒入調理機中攪打成粉狀。

裝飾

9 將鹹焦糖粉借助粉篩撒在烤好的蝴蝶酥表面。

10 再次放回烤箱，加熱至鹹焦糖粉化開，降溫後放入避潮的盒子中保存即可。

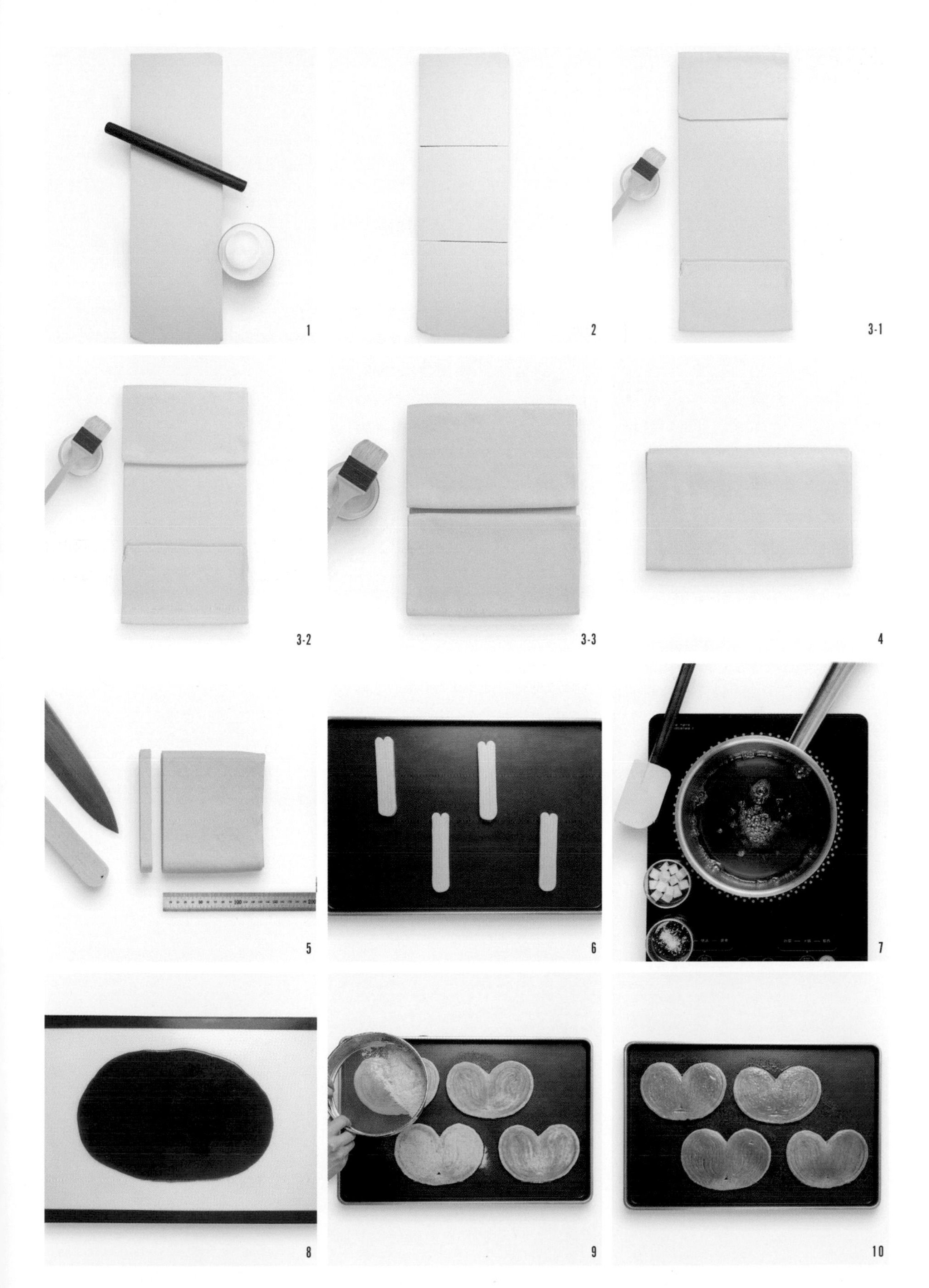
1
2
3-1
3-2
3-3
4
5
6
7
8
9
10

水果弗朗塔

材料（可製作10個）

卡士達醬
配方見P298

百香果奶油醬
全蛋　144克
細砂糖　101克
鮮榨黃檸檬汁　13克
寶茸百香果果泥　103克
吉利丁混合物　11.2克
（或1.6克200凝固值吉利丁粉+9.6克泡吉利丁粉的水）
肯迪雅乳酸發酵奶油　200克

樹莓果醬
配方見P294

椰子打發甘納許
椰奶　129克
全脂牛奶　103克
吉利丁混合物　21克
（或3克200凝固值吉利丁粉+18克泡吉利丁粉的水）
柯氏白巧克力　116克
肯迪雅鮮奶油　298克

千層麵團
配方見P294「千層酥」

裝飾
藍莓
樹莓
黑莓
薄荷葉

製作方法

百香果奶油醬

1 吉利丁粉倒入冷水中，使用打蛋器攪拌均勻，放入冰箱冷藏至少10分鐘。全蛋與細砂糖混合，用打蛋器攪拌均勻。單柄鍋中加入百香果果泥和鮮榨黃檸檬汁，加熱煮沸後沖入拌勻的蛋液中，用打蛋器攪拌，均勻受熱。

2 倒回單柄鍋中，加熱至82～85℃。離火，加入泡好水的吉利丁混合物，攪拌至化開。降溫至45℃左右，加入軟化至膏狀的奶油，用均質機均質。用保鮮膜貼面包裹，放入冰箱冷藏凝固。

椰子打發甘納許

3 單柄鍋中加入椰奶和全脂牛奶，加熱煮沸；離火，加入泡好水的吉利丁混合物，攪拌至化開；沖入白巧克力中，用均質機均質；加入鮮奶油，用均質機均質。用保鮮膜貼面包裹，放入冰箱冷藏隔夜備用。

組合與裝飾

4 取已經折過一次3折和兩次4折的千層麵團（見P296步驟1～6），將麵團壓成長23公分、寬3.5公分、厚3公厘（mm）的長方形麵皮，放入直徑7公分的沖孔塔圈內壁。

5 在麵皮內壁貼上烘焙油紙，填入烘焙重石。放入預熱好的旋風烤箱，180℃烤約25分鐘。

6 使用直徑5公分的刻模在烤好的千層酥上（參見P296步驟1～8）刻出形狀，作為水果弗朗塔的底部。

7 將步驟5的烤盤取出，拿出烘焙重石和烘焙油紙，放入圓形千層酥，再填入卡士達醬，放入預熱好的旋風烤箱，190℃烤15分鐘。

8 往帶有卡士達醬的塔殼內填入樹莓果醬。

9 填入百香果奶油醬至九分滿。椰子打發甘納許打至八分發，放入裝有直徑2公分圓形擠花嘴的擠花袋中，擠在百香果奶油醬上。最後裝飾上樹莓、藍莓、黑莓和薄荷葉即可。

1
2
3
4
5
6
7
8
9

國王餅

材料（可製作3個）

卡士達醬

全脂牛奶　180克
肯迪雅鮮奶油　20克
香草莢　1根
蛋黃　40克
細砂糖　30克
玉米澱粉　16克
肯迪雅乳酸發酵奶油　20克

弗朗瑞帕奶油

肯迪雅乳酸發酵奶油　50克
杏仁粉　50克
糖粉　50克
全蛋　50克
黑蘭姆酒　10克
卡士達醬（見上方）50克
玉米澱粉　8克

蛋液

蛋黃　50克
肯迪雅鮮奶油　12.5克

反轉酥皮

配方見P28

製作方法

卡士達醬

1 把香草莢剖開，刮出香草籽。單柄鍋中加入全脂牛奶、鮮奶油和香草籽，用電磁爐加熱煮沸。
2 細砂糖加入過篩的玉米澱粉中，攪拌均勻；加入蛋黃，攪拌均勻；將步驟1的液體沖入，同時使用打蛋器攪拌。
3 將步驟2的混合物倒回單柄鍋中，加熱攪拌至濃稠冒大泡。離火，加入切成小塊的奶油，攪拌均勻。用保鮮膜貼面包裹，在室溫下放置備用。

蛋液

4 蛋黃加入鮮奶油，混合均勻。過篩備用。

弗朗瑞帕奶油

5 攪拌缸中加入軟化至膏狀的奶油、玉米澱粉和糖粉，用平攪拌槳高速打發至顏色發白、體積膨脹。分次加入常溫全蛋，用平攪拌槳乳化均勻。加入杏仁粉，低速攪拌均勻。加入常溫卡士達醬、黑蘭姆酒，低速攪拌均勻。放入裝有直徑2公分圓形擠花嘴的擠花袋中。

組合與裝飾

6 取已經折過一次3折和兩次4折的反轉酥皮麵團，將麵團壓成兩張厚3公厘（mm）、邊長22公分的正方形麵皮。在其中一張麵皮上擠上弗朗瑞帕奶油。在弗朗瑞帕奶油外側的麵皮上，刷薄薄一層水。
7 重疊兩張麵皮。
8 放上直徑20公分的慕斯圈，使用小刀切割成圓形。放入冰箱冷藏變硬。
9 將國王餅翻轉。刷一層蛋液，放入冰箱冷藏15分鐘，讓蛋液凝固。取出再刷一層蛋液，放入冰箱冷藏10分鐘。畫上花紋。放入預熱好的平爐烤箱，上火190℃，下火170℃，烤50分鐘即可。

1
2
3
4
5
6
7
8
9

拿破崙橙子可頌

材料（可製作15個）

可頌麵團

王后T45蛋糕粉　1000克
水　420克
全蛋　50克
新鮮酵母　45克
細鹽　18克
細砂糖　100克
蜂蜜　20克
肯迪雅乳酸發酵奶油　70克
肯迪雅布列塔尼奶油片　580克

拿破崙麵團

王后T45法式糕點粉　500克
水　150克
全脂牛奶　112克
細鹽　8.5克
細砂糖　10克
肯迪雅乳酸發酵奶油　90克
肯迪雅布列塔尼奶油片　300克

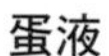

糖漬橙子醬

新鮮橙子皮　175克
細砂糖A　250克
水　500克
細砂糖B　250克

橙子夾心

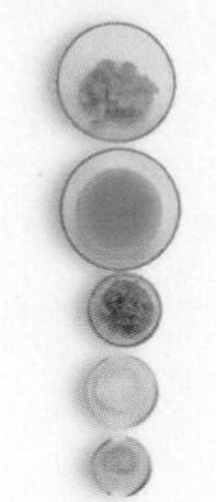

鮮榨橙汁　150克
細砂糖　15克
海藻膠　2.5克
糖漬橙子醬　85克
新鮮橙子果肉　105克

佛手柑奶油

肯迪雅鮮奶油　200克
馬斯卡彭乳酪　10克
冷凍佛手柑肉　2克
細砂糖　10克

蛋液

全蛋　約1個

製作方法

拿破崙麵團

1. 把糕點粉、細鹽、細砂糖和奶油倒入攪拌缸中，使用平攪拌槳進行沙化。沙化完成後，倒入牛奶和水，換用攪拌勾攪拌至麵團順滑。取出麵團劃十字刀，用保鮮膜包裹，冷藏至少1小時。
2. 將奶油片敲軟，擀至邊長為24公分的正方形，放置備用。
3. 取出步驟1的冷藏麵團，擀至長48公分、寬24公分，將步驟2的奶油片包進去。
4. 擀至7公厘（mm）厚，折一個3折，用保鮮膜包裹，冷藏1小時。
5. 取出麵團，擀至5公厘（mm）厚，折一個4折。用保鮮膜包裹，冷藏1小時。重新再折一個3折，冷藏，第二天使用。
6. 取出麵團，擀至寬40公分、厚3公厘（mm），冷藏至少1小時，轉移至烤盤，蓋上烘焙油紙。入爐前，在烘焙油紙上壓一兩個烤盤。放入旋風烤箱，180℃烤45～50分鐘，烤至裏外金黃即可。
7. 烤好後取出，待麵皮冷却後，在表面均勻撒上糖粉，放入旋風烤箱，200℃烤約5分鐘，將糖粉烤化。

糖漬橙子醬

8. 將切好的橙子皮倒入鍋內，注入涼水，用電磁爐中小火煮開，過濾後重新倒入鍋內。如此反覆五六次，去除苦澀味。
9. 將細砂糖A與水煮開，倒入盛有橙子皮的容器中，用保鮮膜貼面包裹，冷藏隔夜。第二天將糖漿與橙子皮過濾分離，把糖漿倒入鍋內，加入細砂糖B，煮開，繼續沖入橙子皮中，用保鮮膜貼面包裹，放入冰箱冷藏，隔天取出使用。濾出糖漿，將泡好的橙子皮取出備用。

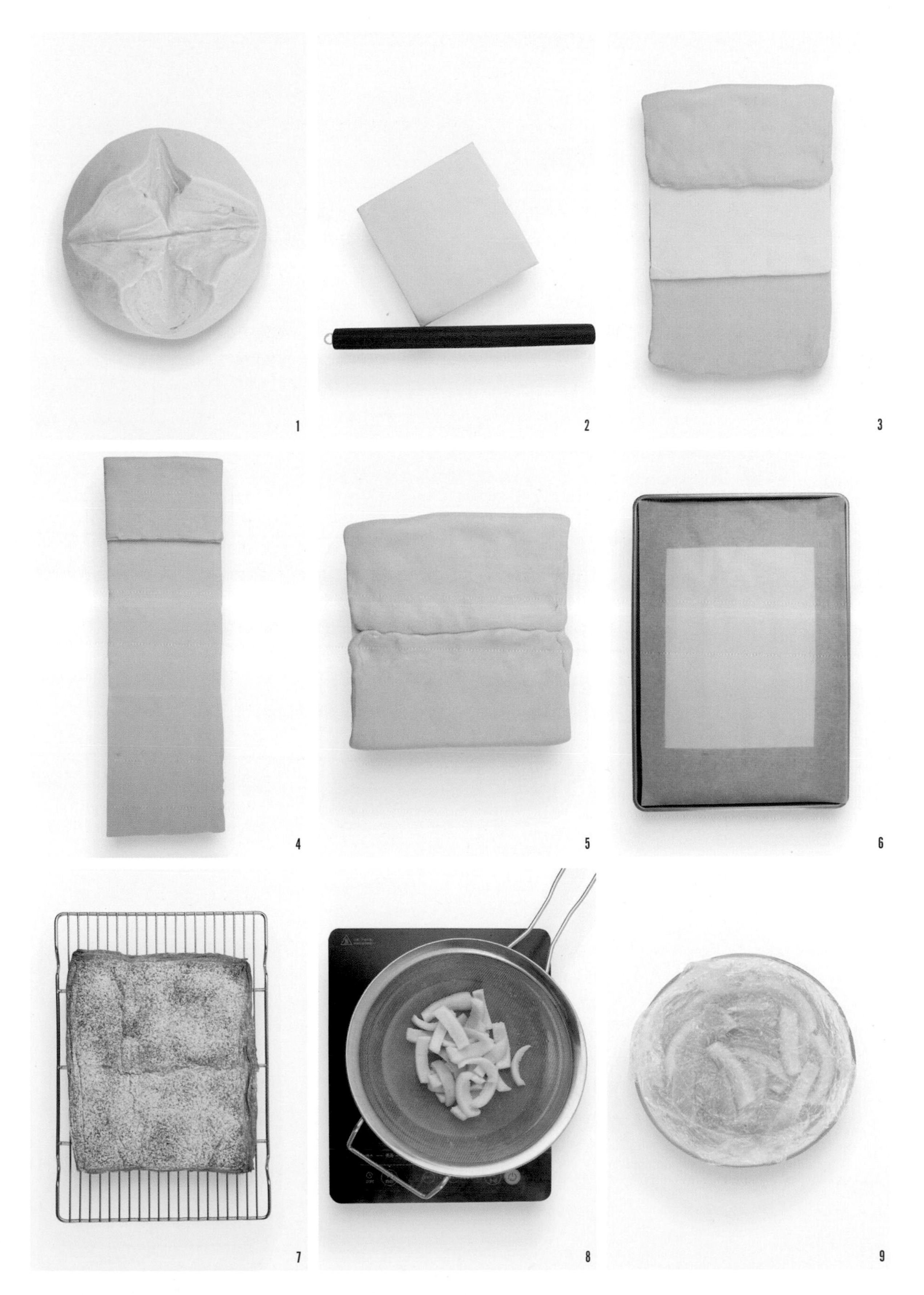
1
2
3
4
5
6
7
8
9

蛋液

10 將製作蛋液的所有材料倒入量杯，均質，過篩備用。

可頌麵團

11 將除奶油和奶油片外的所有材料倒進攪拌缸中，用勾漿低速攪拌約8分鐘，攪拌至所有材料混合均勻成團。加入軟化的奶油，中速繼續攪拌。攪拌出缸溫度為24～25℃，面筋七成左右。放在烤盤上，包好保鮮膜，放置在24℃左右的環境中，基礎醒發30分鐘後拍扁排氣，包好保鮮膜放入冰箱冷藏至少12小時，隔夜醒發。

12 將奶油片敲軟，擀成邊長24公分的正方形備用。取出步驟10的麵團，擀至長48公分、寬24公分，將奶油片放在中間，包好，擀長，麵團厚度控制在7公厘（mm），先折一個3折，放入冰箱冷藏1小時（包入奶油片之前，控制好奶油的軟硬度， 保持延展性）。取出冷藏麵團，繼續擀薄至5公厘（mm），再次折一個4折，用保鮮膜包好繼續放入冰箱冷藏1小時。

13 取出麵團，將寬度擀至30公分，厚度擀至3.5公厘（mm），切出底為7公分的等腰三角形，塑型捲起。

14 放入醒發箱前在麵團表面刷一層薄薄的蛋液，放入溫度27℃、濕度75%的醒發箱發酵約120分鐘。醒發好後，在室溫下放置約5分鐘，待表面微結皮後，刷上薄薄一層蛋液，放入旋風烤箱，180℃烤約17分鐘。

佛手柑奶油

15 將製作佛手柑奶油的所有材料倒入攪拌缸內，中速攪打至七八分發，冷藏備用。

橙子夾心

16 橙汁加熱至40～45℃，熄火後，將混合均勻的細砂糖與海藻膠勻速倒入，用打蛋器攪勻，再次煮開後持續中小火煮2～3分鐘。把新鮮橙子果肉和糖漬橙子醬倒入鍋內，再次煮開。倒入玻璃碗內，用保鮮膜貼面包裹，冷藏備用。

組合與裝飾

17 將步驟14烤好可頌從中間切開，不要切斷； 將步驟7烤好的拿破崙皮切成長10公分、寬3公分； 將佛手柑奶油打至七八分發，裝進擠花袋；將橙子夾心裝進擠花袋。

18 向切開的可頌中擠入30克橙子夾心，將拿破崙皮夾入，最後擠入約8克佛手柑奶油即可。

10
11
12
13
14
15
16
17
18

酥皮捲

材料（可製作20個）

油醋汁蝦仁沙拉

藜麥　適量
苦苣　100克
蝦仁　100克
聖女果　50克
綠豌豆　50克
牛油果　50克
鮮榨黃檸檬汁　適量
黑胡椒粒　適量
海鹽　適量
油醋汁　適量
橄欖油　適量

千層酥

配方見P294

製作方法

油醋汁蝦仁沙拉

1 將製作油醋汁蝦仁沙拉的材料準備好。
2 藜麥熱水下鍋，煮熟。過濾備用。
3 蝦仁焯水。過濾備用。
4 單柄鍋中加入綠豌豆、海鹽、橄欖油，煮熟。過濾備用。
5 盆中放入煮熟的藜麥、蝦仁、綠豌豆、切成小塊的聖女果、苦苣、切成小塊的牛油果、鮮榨黃檸檬汁、黑胡椒粒、海鹽、油醋汁和橄欖油，攪拌均勻。

酥皮捲

6 取已經折過一次3折和兩次4折的千層麵團（見P296步驟1～6），將麵團壓成長15公分、寬6公分、厚3公厘（mm），放在五槽法棍烤盤中。
7 放上包有錫箔紙的擀麵棍。放入預熱好的旋風烤箱，180℃烤約30分鐘。
8 烤好後取出，填入事先做好的油醋汁蝦仁沙拉即可。

1
2
3
4
5
6
7
8-1
8-2

盤飾甜品

榛子李子魚子醬

材料

白蘭地李子

去核李子乾 300克
水 250克
細砂糖 150克
白蘭地 100克

巧克力沙布列

鹽之花 4.5克
肯迪雅乳酸發酵奶油 238.5克
黃糖 185克
細砂糖 75克
香草液 3克
柯氏55%黑巧克力 232.5克
王后T55傳統法式麵包粉 270克
可可粉 46克
泡打粉 7.5克

榛子帕林內奶油霜
60%榛子帕林內（見P34）
112.5克
100%榛子醬 37.5克
全脂牛奶 125克
吉利丁混合物 24.5克
（或3.5克200凝固值吉利丁粉+21克
泡吉利丁粉的水）
肯迪雅鮮奶油 225克

李子魚子醬

李子汽水 380克
細砂糖 25克
瓊脂粉 4克
吉利丁混合物 42克
（或6克200凝固值吉利丁粉+36克
泡吉利丁粉的水）
葡萄籽油 適量

巧克力比斯基
配方　P64

製作方法

小貼士

建議提前至少2周準備白蘭地李子，這樣味道會更濃鬱。把糖水和李子乾一起倒入塑封袋中後放入冰箱，可以保存2～3個月。

白蘭地李子

1 將去核李子乾放入單柄鍋中，加入冷水，加熱沸騰5～6分鐘。濾掉水分後將李子乾放在大碗中。將細砂糖和水倒入單柄鍋中，加熱至沸騰做成糖水後，將熱的糖水倒入放有李子乾的碗中。加入白蘭地攪拌均勻，用保鮮膜貼面包裹，放入冰箱冷藏（4℃）備用。

巧克力沙布列

2 將製作巧克力沙布列的所有材料放入攪拌機的缸中，用平攪拌槳攪拌直至出現沙礫狀。成團後壓過刨絲器，做成大小均勻的顆粒。放入旋風烤箱，150℃烤約20分鐘。

榛子帕林內奶油霜

3 將鮮奶油倒入攪拌機的缸中，用打蛋器打發成慕斯狀後放入冰箱冷藏（4℃）備用。將全脂牛奶倒入鍋中，加熱至50℃，加入泡好水的吉利丁混合物，攪拌至化開後倒在60%榛子帕林內和100%榛子醬上，用均質機均質乳化。

4 隔著冰水將混合物降溫至30℃，加入1/2的打發鮮奶油，用打蛋器攪拌均勻後加入剩餘的打發鮮奶油，用軟刮刀翻拌均勻後直接使用。

李子魚子醬

5 將李子汽水放入單柄鍋中，加入細砂糖和瓊脂粉的混合物，攪拌均勻後加熱至沸騰；趁熱加入泡好水的吉利丁混合物，降溫至50～60℃。將降溫好的混合物放入滴管中，一滴一滴地擠在放入冰箱冷藏（4℃）至少2小時的葡萄籽油中。

6 全部擠完後將葡萄籽油連帶裏面的李子魚子醬放入冰箱冷藏（4℃）至少1小時。取出後過篩出魚子醬，放入水中。再次放入冰箱冷藏（4℃）。

組合與裝飾

7 將做好的巧克力比斯基切割成1公分見方的小塊，並將白蘭地李子過篩取出李子後切塊。在魚子醬不銹鋼盒子中放入8克巧克力沙布列，放入5顆切塊的巧克力比斯基和切塊的白蘭地李子 。

8 擠入榛子帕林內奶油霜，留約2公厘（mm）空白，放入冰箱冷藏1小時等待慕斯液凝結。

9 放上李子魚子醬即可。

1
2
3
4
5
6
7
8
9

茶杯式葡萄甜品

材料

鹹白巧克力卜卜米

柯氏白巧克力　30克
可可脂　10克
卜卜米　20克
細鹽　0.5克

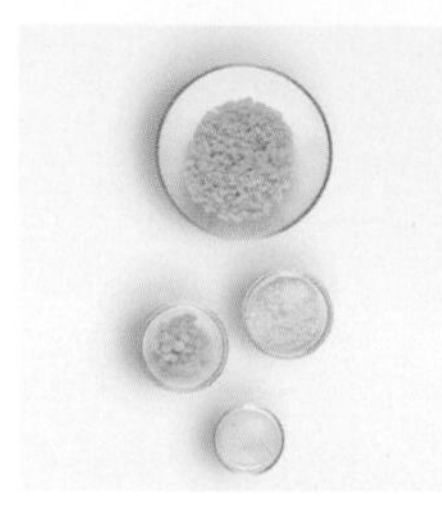

比斯基蛋糕

全脂牛奶　562克
肯迪雅乳酸發酵奶油　90克
細鹽　2.5克
蛋黃　173克
細砂糖A　70克
王后T55傳統法式麵包粉　90克
蛋白　270克
細砂糖B　100克

葡萄果糊

白葡萄　200克
黑葡萄　200克
寶茸黑加侖果泥　40克
細砂糖　30克
葡萄糖粉　30克
NH果膠粉　6克
酒石酸粉　2克

茶味馬斯卡彭奶油

茶葉　5克
肯迪雅鮮奶油　300克
細砂糖　30克
吉利丁混合物　18.9克
（或2.7克200凝固值吉利丁粉+
16.2克泡吉利丁粉的水）
馬斯卡彭乳酪　50克

茶味果凍

水　250克
茶葉　5克
細砂糖　25克
索薩素吉利丁粉　11克

裝飾

柯氏白巧克力
白葡萄
黑葡萄
炒米

製作方法

比斯基蛋糕

1 在盆中放入細砂糖A和麵包粉攪拌均勻，然後加入蛋黃和100克冷的全脂牛奶攪拌。將剩餘的全脂牛奶連同細鹽和奶油放入單柄鍋中，加熱至沸騰後往盛有混合物的盆中倒一半，攪拌均勻後倒回單柄鍋中。

2 將步驟1的混合物攪拌均勻後加熱至沸騰，然後用均質機均質細膩，製成卡士達醬。將蛋白和細砂糖B放入攪拌機的缸中，用打蛋器打發成慕斯狀，往熱的卡士達醬中加入1/3打發蛋白，用打蛋器攪拌均勻後慢慢加入剩下的打發蛋白，用軟刮刀翻拌均勻。倒在放有烘焙油布的烤盤上，用彎抹刀抹平整。放入旋風烤箱，160℃烤25～30分鐘。烤好後蓋一張烘焙油布，翻轉放在網架上冷卻。

鹹白巧克力卜卜米

3 可可脂融化至41℃，與白巧克力和細鹽混合均勻，加入卜卜米後拌勻。用保鮮膜包裹備用。

葡萄果糊

4 白葡萄和黑葡萄切割成小塊。將黑加侖果泥和切好的葡萄一起放入鍋中，加熱至40℃左右。加入NH果膠粉、葡萄糖粉和細砂糖的混合物，加熱至沸騰。加入酒石酸粉，再次加熱後放入盆中，用保鮮膜貼面包裹備用。

茶味果凍

5 在單柄鍋中放入水，加熱至微沸，加入茶葉後靜置4分鐘。靜置後過篩取250克茶水，倒入素吉利丁粉和細砂糖的混合物，攪拌均勻後加熱至沸騰。用小勺撇去液體表面的浮沫，倒入包有保鮮膜的方形模具中，放入冰箱冷藏16小時。

茶味馬斯卡彭奶油

6 在單柄鍋中放入鮮奶油，加熱至微沸，放入茶葉並靜置4分鐘。靜置後過篩取300克液體倒在鍋中，加入細砂糖，開火加熱至50℃，放入泡好水的吉利丁混合物，攪拌至化開後加入馬斯卡彭乳酪並均質細膩。倒入盆中並用保鮮膜貼面包裹，放入冰箱冷藏（4℃），使用時需將其打發並馬上使用。

組合與裝飾

7 將白巧克力調溫，倒入茶杯形狀的矽膠模具中，在17℃的環境中放置12小時，結晶後脫模備用。

8 在白巧克力做成的杯子中放入鹹白巧克力卜卜米，擠入茶味馬斯卡彭奶油。

9 放入5～6個切割成1公分見方的方形比斯基，並在中間擠入葡萄果糊。

10 再次擠入茶味馬斯卡彭奶油，並放上一些白葡萄和黑葡萄顆粒，同時放上炒米。切割並放上茶味果凍，然後放在裝飾過的盤子上即可。

玉米芒果柚子小甜品

材料（可製作10個）

玉米爆米花酥粒

肯迪雅乳酸發酵奶油　130克
王后T55傳統法式麵包粉　50克
玉米麵粉　40克
爆米花　40克
杏仁粉　110克
粗顆粒黃糖　100克
細鹽　2克

鏡面果膠

水　98克
葡萄糖漿　19.5克
細砂糖　34克
NH果膠粉　4克
鮮榨黃檸檬汁　4克

玉米奶油

玉米汁　60克
肯迪雅鮮奶油　240克
馬斯卡彭乳酪　60克
細砂糖　30克

蛋捲麵糊

細砂糖　175克
細鹽　2克
全蛋　50克
全脂牛奶　190克
水　190克
香草精華　5克
橙花水　2克
王后T55傳統法式麵包粉　250克
小蘇打　2克
肯迪雅乳酸發酵奶油　50克

芒果果凍

寶茸芒果果泥　125克
鏡面果膠（見左側）　125克

橙子芒果夾心

橙子果肉　100克
芒果果凍（見上方）　250克

裝飾

芒果丁
薄荷葉

製作方法

玉米爆米花酥粒

1 料理機中加入麵包粉、爆米花、切成小塊的奶油（冷藏狀態）、玉米麵粉、杏仁粉、粗顆粒黃糖和細鹽，使用平攪拌槳全程低速攪拌均勻。將麵團倒在乾淨的桌面上，用半圓形刮板上下碾壓均勻。用刨絲器刨出顆粒，放入冰箱冷凍定型後轉入旋風烤箱，150℃烤20分鐘。

玉米奶油

2 攪拌缸中加入玉米汁、鮮奶油、馬斯卡彭乳酪和細砂糖，使用打蛋器中高速打發至八分發。

蛋捲麵糊

3 盆中加入細砂糖、細鹽、全蛋、全脂牛奶、水、香草精華和橙花水，用均質機均質；加入過篩的麵包粉和小蘇打，均質；加入融化至50℃的奶油，均質。用保鮮膜貼面包裹，放入冷藏冰箱熟成3小時。取出後再次均質。蛋捲機預熱至200℃，倒入麵糊，蓋上面板。

4 取出蛋捲，用直徑9公分的刻模刻出形狀。趁熱用U形模具定型。

芒果果凍

5 單柄鍋中加入芒果果泥和鏡面果膠（做法見P192），加熱至鏡面果膠化開。倒入盆中，用保鮮膜貼面包裹，放入冰箱冷藏凝固。

橙子芒果夾心

6 將芒果果凍和橙子果肉攪拌均勻，裝入擠花袋中。

組合與裝飾

7 準備好盤子、模具、玉米爆米花酥粒、芒果果凍、橙子芒果夾心、蛋捲、玉米奶油、芒果丁和薄荷葉。

8 模具放在盤子上，擠上芒果果凍，用彎柄抹刀抹平整，取出模具。

9 蛋捲中擠入橙子芒果夾心。

10 擠入玉米奶油，用彎柄抹刀抹平整。

11 蘸上玉米爆米花酥粒。

12 放在盤子上，用芒果丁和薄荷葉裝飾即可。

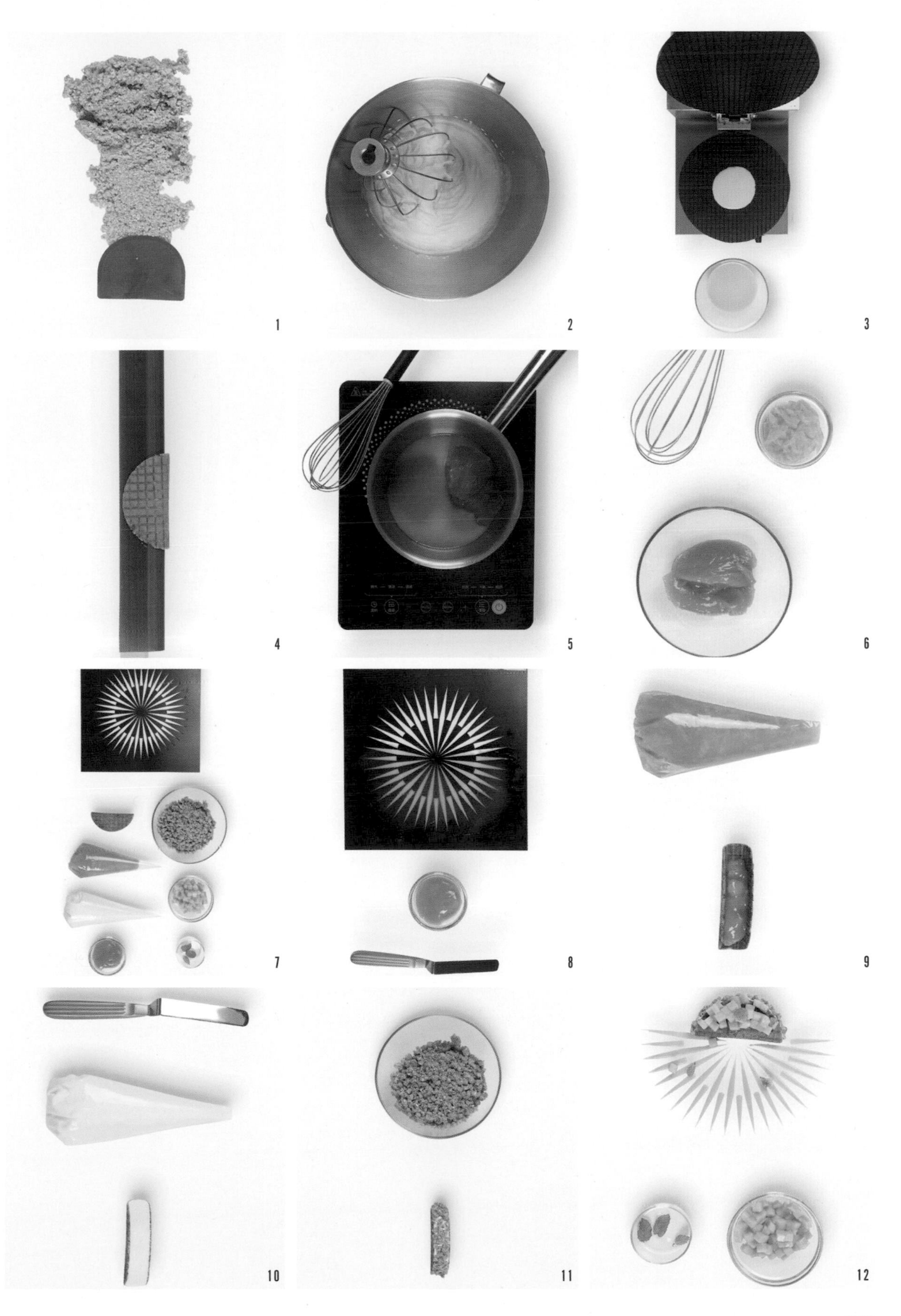
1
2
3
4
5
6
7
8
9
10
11
12

熱帶水果巧克力小甜品

材料

弗朗可可甜酥麵團
配方見P234

碧根果帕林內
碧根果 300克

細砂糖 199.5克

熱帶水果醬
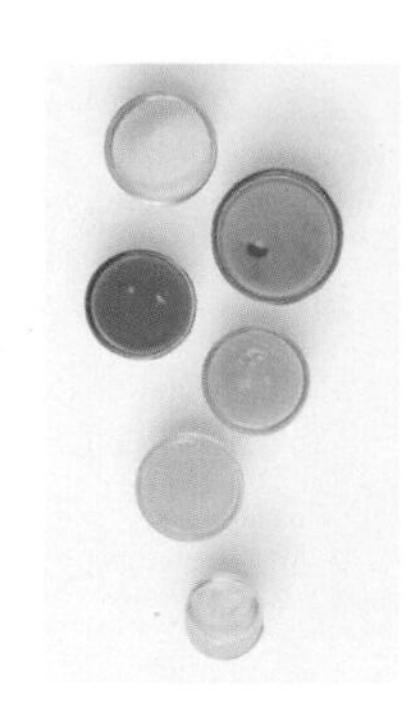

細砂糖 60克

寶茸百香果果泥 135克

寶茸芒果果泥 96克

寶茸菠蘿果泥 96克

鮮榨青檸檬汁 56克

黃原膠 3克

巧克力比斯基
配方見P64

牛奶巧克力奶油

肯迪雅鮮奶油A 60克

柯氏51%牛奶巧克力（瑞亞楚洛）60克

肯迪雅鮮奶油B 300克

裝飾
巧克力飾件

製作方法

熱帶水果醬

1 單柄鍋中加入百香果果泥、芒果果泥、菠蘿果泥和鮮榨青檸檬汁，煮至溫熱。另一個單柄鍋中加入細砂糖，熬成淺焦糖色，沖入剛剛的果泥混合物中，邊倒邊攪拌。煮沸，用保鮮膜貼面包裹，放入冰箱冷藏，冷却後取出，加入黃原膠，用均質機均質。

牛奶巧克力奶油

2 單柄鍋中加入鮮奶油A，加熱至80℃；沖入裝有牛奶巧克力的盆中，用均質機均質，降溫至約31℃，分次加入打發至八分發的鮮奶油B，用刮刀翻拌均勻。

組合與裝飾

3 準備好盤子、巧克力飾件、牛奶巧克力奶油、巧克力比斯基、熱帶水果醬、碧根果帕林內（做法參考P34）。將弗朗可可甜酥麵團從冰箱取出，撕開兩面油布，放在鋪有帶孔矽膠墊的烤盤上，放入預熱好的旋風烤箱，150℃烤20分鐘。冷却後的巧克力比斯基和弗朗可可甜酥麵團切成1公分見方的小塊。

4 盤子上固定巧克力飾件。

5 巧克力飾件內壁淋一層碧根果帕林內。

6 擠上牛奶巧克力奶油，放上巧克力比斯基，放上弗朗可可甜酥麵團，擠上熱帶水果醬。

7 擠上牛奶巧克力奶油。

8 放上巧克力飾件；擠上牛奶巧克力奶油；用溫熱的半圓形勺子在奶油上燙一個小洞。

9 放上弗朗可可甜酥麵團和巧克力比斯基裝飾，擠入碧根果帕林內即可。

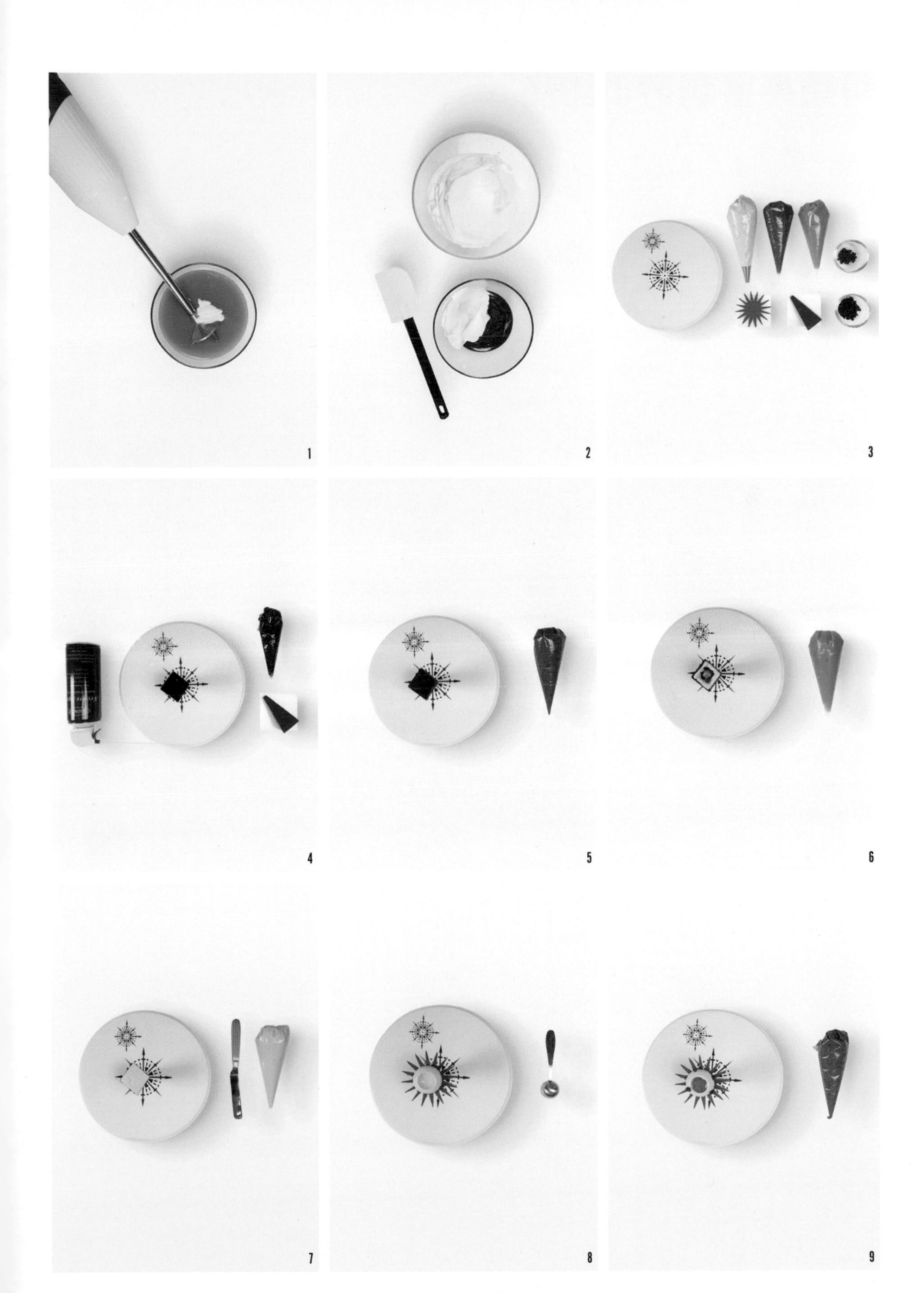

青蘋果蔓越莓小甜品

材料（可製作6個）

香橙杏仁蛋糕體

全蛋 224克

50%杏仁膏 320克

60%君度酒 40克

蛋白 80克

泡打粉 4克

王后T55傳統法式麵包粉 72克

肯迪雅乳酸發酵奶油 104克

椰子康寶樂

肯迪雅乳酸發酵奶油 130克

粗顆粒黃糖 100克

海鹽 2克

王后T55傳統法式麵包粉 130克

杏仁粉 60克

細椰蓉 50克

椰奶粉 20克

白乳酪香緹

肯迪雅鮮奶油 216克

白乳酪 120克

蜂蜜 24克

粗顆粒黃糖 24克

香草莢 1根

青檸檬皮屑 0.2克

瑞士蛋白霜

蛋白 100克

細砂糖 180克

檸檬酸 1克

蔓越莓果凍

寶茸蔓越莓櫻桃果泥 60克

水 200克

蜂蜜 10克

細砂糖 25克

索薩複配增稠劑 11克

香草橄欖油

橄欖油 100克

香草籽 2.5克

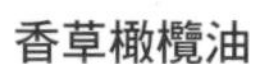

蔓越莓櫻桃果凍

透明果凍 100克

寶茸蔓越莓櫻桃果泥 100克

裝飾

青蘋果

蔓越莓乾

青檸檬皮屑

白色可可脂（配方見P37）

製作方法

香橙杏仁蛋糕體

1 料理機中加入全蛋、50%杏仁膏和60%君度酒，攪打均勻。放入攪拌缸中，打發至顏色發白、體積膨脹，製成全蛋麵糊。另一個攪拌缸中加入蛋白，使用打蛋器打發至中性發泡，製成蛋白霜，加入全蛋麵糊中，用刮刀翻拌均勻。

2 加入過篩後的麵包粉和泡打粉，用刮刀翻拌均勻。奶油融化至約45℃，取一小部分麵糊放到奶油中，用打蛋器攪拌均勻；倒回至大部分的麵糊中，用刮刀翻拌均勻。倒在鋪有烘焙油布的烤盤上，用彎柄抹刀抹平整，放入旋風烤箱，180℃烤10分鐘。出爐後轉移至網架上。冷卻後切成小方塊。

椰子康寶樂

3 把冷藏的奶油切成小塊。把製作椰子康寶樂的所有材料放入攪拌缸中，用平攪拌槳全程低速攪拌均勻，把麵團倒在乾淨的桌面上，用半圓形刮刀上下碾壓至麵團均勻。用刨絲器將麵團刨出顆粒，放入冰箱冷凍庫冷卻；放入旋風烤箱，150℃烤20分鐘。

白乳酪香緹

4 把香草莢剖開，刮出香草籽。把香草籽和其他材料放入攪拌缸中，用打蛋器打至八分發。

瑞士蛋白霜

5 所有材料加入攪拌缸中，隔熱水加熱至45～55℃，用打蛋器高速打發至堅挺的鷹鉤狀。

6 準備長17公分、寬3公分的厚玻璃紙；在桌面上噴酒精，黏住玻璃紙；在玻璃紙表面噴一層脫模油。取一小部分步驟5攪打好的蛋白霜放在玻璃紙上，使用彎柄抹刀抹平整。取出玻璃紙，將兩條短邊用夾子固定，放在鋪有高溫烤墊的烤盤上。

7 另取蛋白霜裝入擠花袋，剪個小口，擠入底部；放入旋風烤箱，70℃烤3小時，烤好脫模。

蔓越莓果凍

8 單柄鍋中加入蔓越莓櫻桃果泥、水和蜂蜜，加入混勻的細砂糖和複配增稠劑，使用打蛋器邊倒邊攪拌，煮沸。準備直徑16公分的模具，包上保鮮膜，放在鋪有高溫烤墊的烤盤上，灌入果凍液體，放入冰箱冷藏凝固。用水滴形的模具刻出形狀。

蔓越莓櫻桃果凍

9 所有材料加入單柄鍋中，加熱至果凍化開。用保鮮膜貼面包裹，放入冰箱冷藏凝固。

香草橄欖油

10 盆中加入橄欖油和香草籽，混合拌勻。

組合與裝飾

11 準備好噴了白色可可脂的盤子。蔓越莓乾切碎；青蘋果切小丁，與香草橄欖油拌勻。

12 往瑞士蛋白霜裏擠入白乳酪香緹，放入椰子康寶樂，放入香橙杏仁蛋糕體，擠入蔓越莓櫻桃果凍，放入蔓越莓乾。

13 擠入白乳酪香緹，用彎柄抹刀抹平整，放上拌了香草橄欖油的青蘋果。

14 放上水滴形蔓越莓果凍，用刨絲器刨出青檸檬皮屑。

15 擺盤裝飾即可。

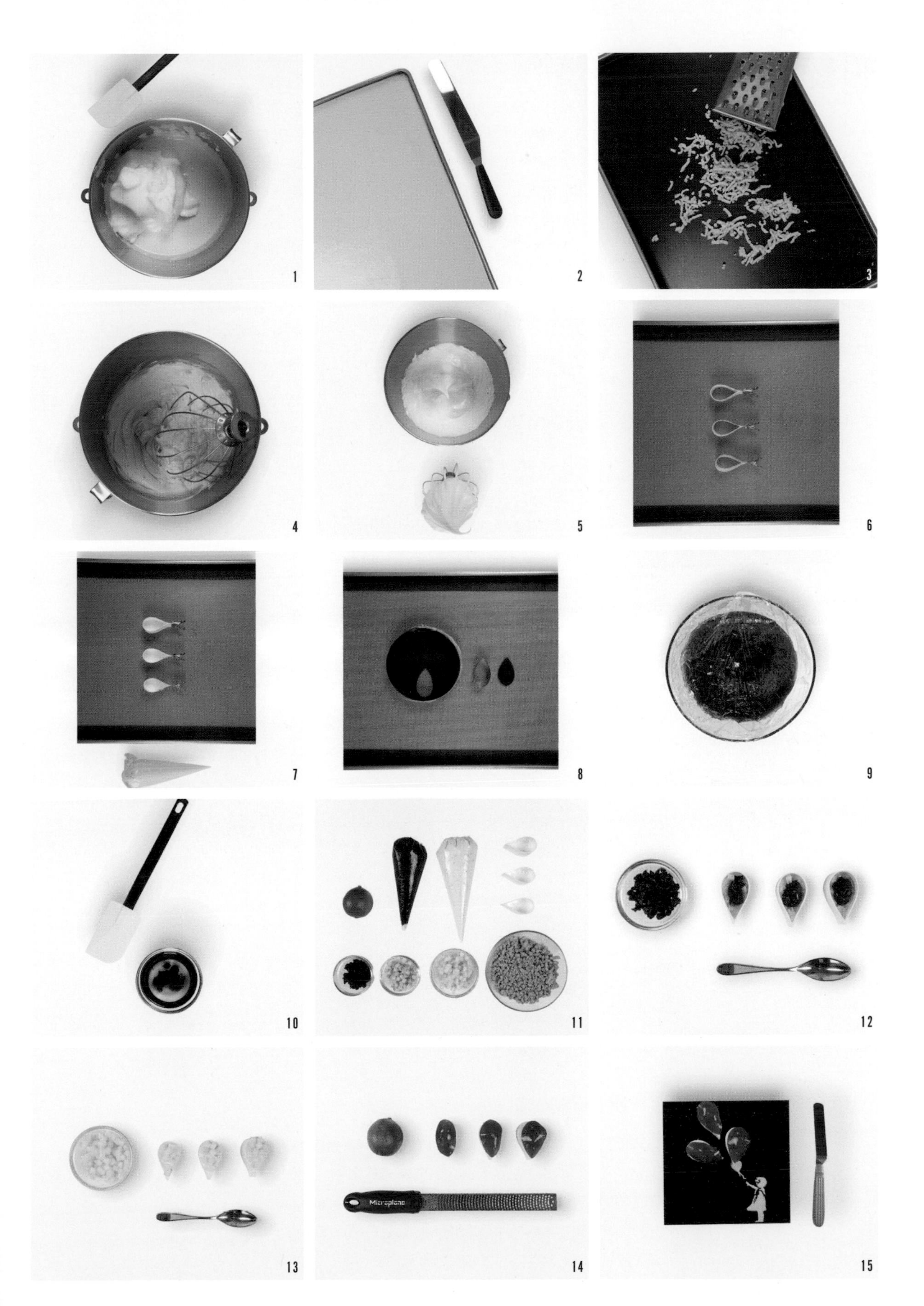

1
2
3
4
5
6
7
8
9
10
11
12
13
14
Microplane
15

香蕉百香果舒芙蕾

材料（可製作8個）

百香果基礎卡士達醬

寶茸菠蘿果泥　90克
寶茸百香果果泥　90克
玉米澱粉　25克
帶籽百香果原漿　30克

舒芙蕾液

百香果基礎卡士達醬（見左側）　200克
細砂糖　110克
蛋白　180克
蘭姆酒　20克

香蕉百香果雪芭

寶茸百香果果泥　100克
寶茸香蕉果泥　160克
細砂糖　56克
轉化糖漿　15克
鮮榨橙汁　50克
雪芭穩定劑　1.5克

裝飾

肯迪雅乳酸發酵奶油
黃糖
防潮糖粉

製作方法

百香果基礎卡士達醬

1 將製作百香果基礎卡士達醬的材料準備好。

2 在單柄鍋中放入百香果果泥、菠蘿果泥和玉米澱粉，慢慢升溫加熱至沸騰；加入帶籽百香果原漿，拌勻後倒入盆中，用保鮮膜貼面包裹，放入冰箱冷藏（4℃）12小時。

舒芙蕾液

3 將製作舒芙蕾液的材料準備好。

4 在攪拌機的缸中倒入蛋白和細砂糖，用打蛋器中速打發成鷹嘴狀。將百香果基礎卡士達醬放入單柄鍋中，加入蘭姆酒，攪拌均勻後慢慢加熱至50℃；加入1/4的打發蛋白，攪拌均勻，加入剩下的打發蛋白，用軟刮刀小心攪拌均勻後馬上使用。

小貼士
在攪拌過程中動作需要小心輕柔，留住儘量多的氣泡，這些氣泡能夠增加舒芙蕾的口感和質地。

香蕉百香果雪芭

5 將製作香蕉百香果雪芭的材料準備好。

6 在單柄鍋中倒入橙汁和轉化糖漿，加熱至35～40℃，篩入攪拌均勻的細砂糖和雪芭穩定劑，再次加熱至75～80℃。加入百香果果泥和香蕉果泥，使用均質機均質乳化後放入冰箱冷藏（4℃）12小時。

7 將雪芭液放入冰淇淋機內之前，再次用均質機均質乳化。雪芭做好後，用冰淇淋挖球勺挖出直徑4公分的球後放入-18℃的環境中冷凍保存。

組合與裝飾

8 用毛刷將軟化奶油在舒芙蕾模具內薄薄刷一層，並撒上一層黃糖。將舒芙蕾液放入裝有直徑16公厘（mm）擠花嘴的擠花袋中，在準備好的模具中擠入舒芙蕾液至2/3的高度。

9 借助抹刀將舒芙蕾液掛邊，放入雪芭球；再次擠入舒芙蕾液，用彎抹刀抹平整，用手指在模具邊劃過一遍。放入旋風烤箱，230℃烤4～5分鐘，烤好後撒防潮糖粉裝飾。

小貼士
之所以用手指在模具邊劃過一遍，目的是使烤製過程中舒芙蕾的增長高度一致。

1
2
3
4
5
6
7
8
9

巧克力和糖果類

榛子樹莓小熊

材料（可製作20個）

榛子沙布列

肯迪雅布列塔尼奶油片　100克
細鹽　1.7克
糖粉　50克
榛子粉　50克
王后T65經典法式麵包粉　200克
全蛋　41.7克
可可脂粉　適量

樹莓棉花糖

200凝固值吉利丁粉　16克
寶茸樹莓果泥A　200克
轉化糖漿A　80克
細砂糖　110克
寶茸樹莓果泥B　47.5克
轉化糖漿B　45克

裝飾

柯氏71%黑巧克力
巧克力飾件
可可顏色的可可脂（配方見P37）

製作方法

小貼士

可以先將配方中的榛子粉放入旋風烤箱，150℃烘烤上色後再進行製作，這樣可以使榛子的風味更佳。

榛子沙布列

1. 將製作榛子沙布列的材料準備好。所有材料保持在4℃，此溫度等同于冷藏冰箱的溫度。
2. 在調理機的缸中放入所有乾性材料和切成小塊的冷奶油，攪打成沙礫狀（看不見奶油的質地）；加入打散的全蛋液，再次攪打成團後放在桌面上，用手掌碾壓均勻。
3. 放在兩張烘焙油布中間壓成3公厘（mm）厚，轉入冰箱冷藏（4℃）12小時。用小熊形狀的模具將麵團切割，放在鋪有矽膠墊的烤盤上，放入旋風烤箱，150℃烤20～25分鐘。小熊形狀沙布列烤好後出爐，撒上可可脂粉。

樹莓棉花糖

4. 將製作樹莓棉花糖的材料準備好。
5. 將樹莓果泥A與吉利丁粉混合均勻備用；單柄鍋中加入樹莓果泥B、細砂糖和轉化糖漿B，加熱至110℃。
6. 轉化糖漿A倒入攪拌缸中，加入步驟5的糖漿水和融化至50℃的吉利丁混合物，用打蛋器打發至28～30℃。
7. 在一張抹了脫模劑的矽膠墊上放兩個1公分的厚度尺，將棉花糖倒入並抹平整，在20～22℃的環境中靜置12小時。將凝結好的棉花糖用小熊切割模具切割。

組合與裝飾

8. 將可可脂融化至50℃，降溫至30℃後噴在烤好的榛子沙布列表面，擠上調溫好的黑巧克力，放上樹莓棉花糖。
9. 將整個產品浸入調好溫的黑巧克力裏，完全包裹後借助松露叉取出，抖掉多餘的巧克力，等待凝結後放上巧克力飾件，在17℃的環境中結晶12小時即可。

1
2
3
4
5
6
7
8
9

牛軋糖

材料（可製作約200個）

水　100克
細砂糖A　281克
葡萄糖漿　337克
香草莢　1根
牛軋糖粉　25克
薰衣草蜂蜜　281克
蛋白　130克
細砂糖B　121.5克
可可脂粉　7.5克
杏仁　385克
榛子　100克
綠色開心果　100克
可食用威化紙　適量

製作方法

1 將製作牛軋糖的材料準備好。
2 將榛子和杏仁倒在烤盤上，放入旋風烤箱，150℃烤至堅果中間上色。
3 把香草莢剖開，刮出香草籽。將熏衣草蜂蜜、香草籽倒入單柄鍋中，加熱至沸騰備用。
4 在另一個單柄鍋中放入水、細砂糖A、牛軋糖粉和葡萄糖漿。加熱至160℃，倒入步驟3的液體。
5 在攪拌機的缸中放入蛋白和細砂糖B，用打蛋器打發至慕斯狀，將步驟4的液體慢慢倒入。繼續攪打並用火槍燒缸，加入可可脂粉，將其融化在熱的混合物中。
6 將攪打好的材料倒在噴了脫模劑的矽膠墊上，一點點加入烘烤過的堅果和綠色開心果，所有堅果都加入後，整型成圓柱體。
7 在兩段式的方形模具中噴上脫模劑，模具中放入可食用威化紙，並放入550克牛軋糖。在表面再放上一張可食用威化紙，並用擀麵棍擀至牛軋糖平整，放在17℃的環境中靜置24小時。
8 牛軋糖脫模後切割成1.3公分厚的片。
9 將這些1.3公分厚的片重新切割成長11公分、寬8公分的方塊。用包裝袋包裹後保存即可。

蘭姆酒松露

材料（可製作36個）

松露甘納許
肯迪雅鮮奶油 170克
橙子皮屑 2克
轉化糖漿 12克
柯氏71%黑巧克力 242克
柯氏43%牛奶巧克力 67克
肯迪雅乳酸發酵奶油 20克
蘭姆酒 37克

裝飾
柯氏71%黑巧克力
可可粉

製作方法

松露甘納許

1 將製作松露甘納許的材料準備好。
2 將鮮奶油、轉化糖漿、奶油和橙子皮屑放入單柄鍋中，加熱至75～80℃。
3 煮好後過篩（此步驟是為了去除液體中的橙子皮屑），將其倒在黑巧克力和牛奶巧克力上，用均質機將其均質乳化。
4 加入蘭姆酒後再次均質乳化，將乳化好的甘納許倒入擠花袋中，降溫至28～29℃，倒入方形模具中，在17℃的環境中靜置結晶24小時。

組合與裝飾

5 將結晶好的甘納許脫模，用刀切割成2公分見方的方塊（也可以用生巧切割工具）。
6 切割好的甘納許用手搓成想要的形狀。
7 用調溫後的黑巧克力給甘納許做第一次披覆，並在17℃的環境中結晶12小時。
8 用調溫後的黑巧克力做第二次披覆，並放入可可粉中，靜置直至完全結晶，取出，篩掉多餘的可可粉，並保存在17℃的環境下即可。

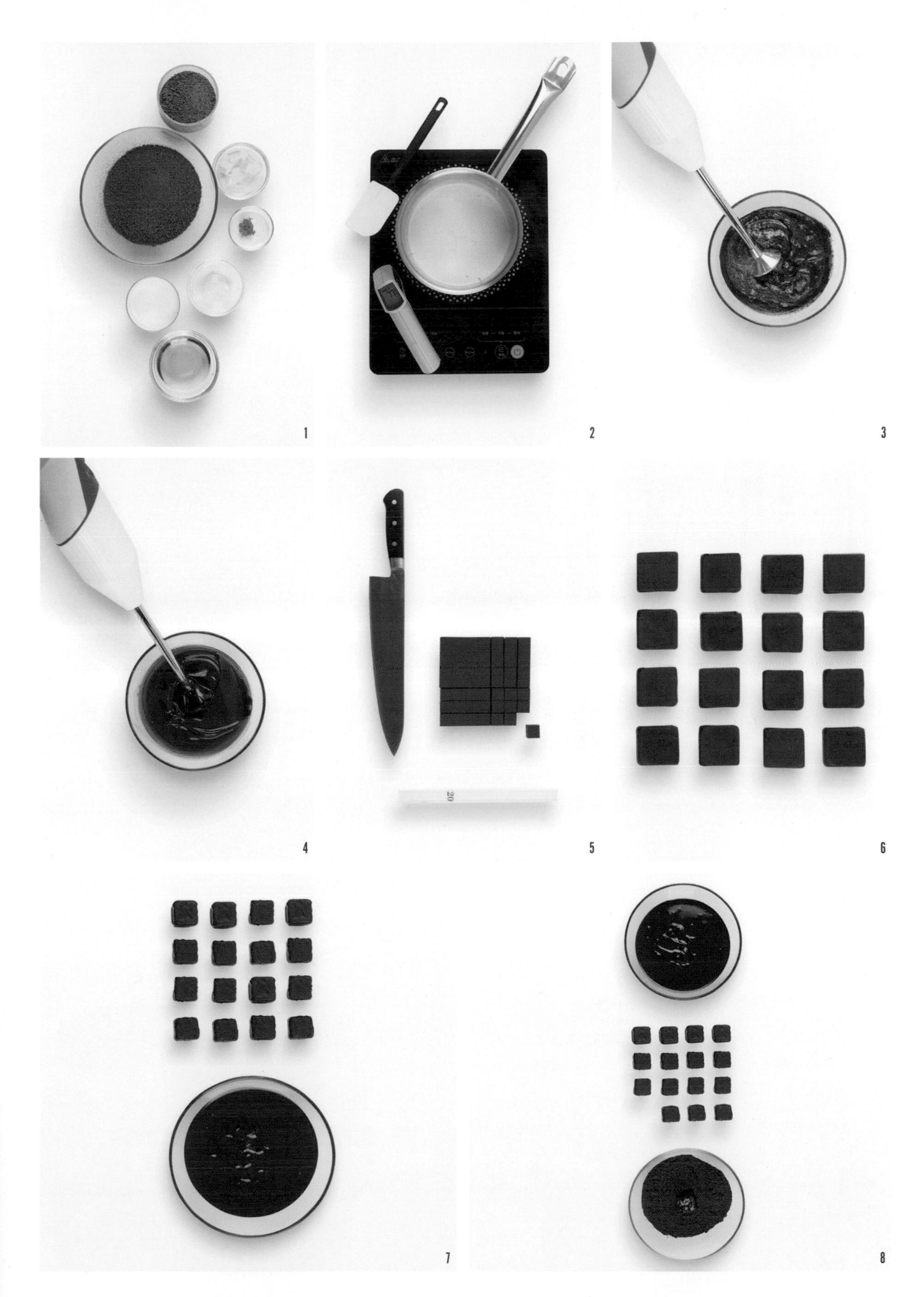
1
2
3
4
20
5
6
7
8

白蘭地酒心巧克力糖果

材料（可製作42個）

白蘭地糖水

細砂糖　500克

水　166克

葡萄糖漿　16.5克

白蘭地　100克

榛子贊度亞

100%榛子醬　140克

糖粉　33克

菊粉　33克

柯氏43%牛奶巧克力　47克

可可脂　47克

鹽之花　0.5克

裝飾

可可顏色的可可脂（配方見P37）

柯氏55%黑巧克力

柯氏43%牛奶巧克力

製作方法

白蘭地糖水

1 將製作白蘭地糖水的材料準備好。

2 將水、細砂糖和葡萄糖漿倒入單柄鍋中，加熱至沸騰，加熱過程中用冷水和小勺將糖水表面的浮沫撇去。將糖水加熱至106～107℃，在20～22℃的環境中放置降溫至50℃，降溫期間不要攪拌。將白蘭地倒入稍大的盆中，倒入降溫的糖水。然後在兩個容器中來回翻倒五六次後倒入擠花袋中，並確保溫度為28～30℃時使用。

榛子贊度亞

小貼士

贊度亞如同巧克力，需要調溫後使用，並需要放在17℃的環境中結晶。

3 將製作榛子贊度亞的材料準備好。

4 將100%榛子醬、糖粉、菊粉和鹽之花倒入調理機中，攪打細膩。加入融化至45～50℃的牛奶巧克力和可可脂，再次攪打細膩。降溫至24℃後倒入盆中，攪拌均勻（如果需要可以稍微加熱）後放入擠花袋中。

組合與裝飾

小貼士

每一步的靜置時間都非常重要，它決定著巧克力的成功與否。

5 將可可顏色的可可脂融化後隔著冷水降溫至27～28℃，用噴砂機噴在模具內。

6 將黑巧克力調溫後灌入模具中，敲打後翻轉去除多餘的巧克力，做好巧克力外殼部分。

7 將降溫的白蘭地糖水擠入巧克力外殼中至2/3的高度。放置在17℃的環境中靜置至少24小時（降溫期間不可晃動模具）。等糖水結晶後，在表面擠上榛子贊度亞。

8 等榛子贊度亞結晶後，擠入調溫黑巧克力，用小彎抹刀抹平整後，用調溫刀去除多餘的巧克力，放在17℃的環境中靜置12小時結晶。

9 脫模的糖果放在網架上，牛奶巧克力調溫後用擠花袋擠在糖果上，用噴砂機將多餘的巧克力吹掉（最好使用專門披覆巧克力的機器）。在17℃的環境中靜置12小時結晶即可。

1

2

3

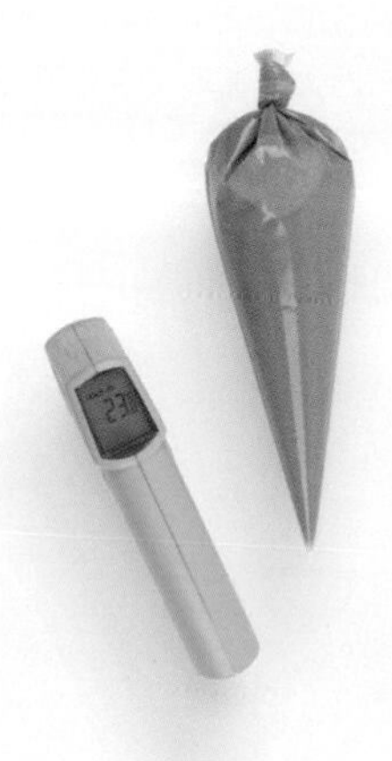

4

5

6

7

8

9

2024 即將上市

（原版封面）

起酥寶典

19x26cm

酥皮類是近兩年來深受消費者歡迎的烘焙產品，作者探訪國內外百餘家烘焙店，在充分分析市場現狀和消費者需求的基礎上，研發了數十款創新配方。

從經典品種、傳統工藝、口味拓展、鹹甜搭配的角度，全方位教授酥點的製作，將非發酵類起酥和發酵類起酥進行無限延展創新，包含了法式甜鹹點心、料理、霜淇淋等多種元素。

全書共分為四大部分：基礎知識、基礎麵團、麵包類起酥配方和甜點類起酥配方。全面瞭解原材料和麵團製作以及折疊層次的計算，從把控起酥麵團的溫度，到開出層次分明的起酥麵團，再到成品的烘烤全過程，做到真正的酥類產品「全圖解」。

58 款配方，包含發酵類起酥和非發酵類起酥，涉及可頌、可頌三明治、調理可頌、花式丹麥、鹼水酥皮、布里歐修酥、正疊千層酥、反轉千層酥、法甜風味發酵酥皮等多個品類，按照製作步驟精心排序圖片，細緻到每一個操作細節。

TITLE

法式甜點 完美配方 & 細緻教程

STAFF

出版 瑞昇文化事業股份有限公司
主編 彭程

創辦人 / 董事長 駱東墻
CEO / 行銷 陳冠偉
總編輯 郭湘齡
文字編輯 張聿雯 徐承義
美術編輯 謝彥如
校對編輯 于忠勤
國際版權 駱念德 張聿雯

排版 洪伊珊
製版 明宏彩色照相製版股份有限公司
印刷 桂林彩色印刷股份有限公司

法律顧問 立勤國際法律事務所 黃沛聲律師
戶名 瑞昇文化事業股份有限公司
劃撥帳號 19598343
地址 新北市中和區景平路464巷2弄1-4號
電話 (02)2945-3191
傳真 (02)2945-3190
網址 www.rising-books.com.tw
Mail deepblue@rising-books.com.tw

初版日期 2024年3月
定價 1400元

國家圖書館出版品預行編目資料

法式甜點：完美配方&細緻教程 = Pâtisserie française/彭程編著. -- 初版. -- 新北市：瑞昇文化事業股份有限公司, 2024.02
360面；18.5 x 26公分
ISBN 978-986-401-708-9(精裝)

1.CST: 點心食譜

427.16 113001062